Python
OpenCV
从入门到精通

明日科技　编著

清华大学出版社
北京

内 容 简 介

本书以在 Python 开发环境下运用 OpenCV 处理图像为主线，全面介绍 OpenCV 提供的处理图像的方法。全书共分为 16 章，包括 Python 与 OpenCV、搭建开发环境、图像处理的基本操作、像素的操作、色彩空间与通道、绘制图形和文字、图像的几何变换、图像的阈值处理、图像的运算、模板匹配、滤波器、腐蚀与膨胀、图形检测、视频处理、人脸检测和人脸识别以及 MR 智能视频打卡系统。本书图文丰富，直观呈现处理后的图像与原图之间的差异；在讲解 OpenCV 提供的方法时，列举了其中的必选参数和可选参数，读者能更快地掌握方法的语法格式；最后一章以 MR 智能视频打卡系统为例，指导读者系统地运用 OpenCV 解决工作中的实际问题。

本书专注于图像处理本身，尽可能忽略图像处理算法的具体实现细节，降低阅读和学习的难度，有助于读者更好更快地达到入门的目的。此外，本书资源包中提供了完整的示例源码、要使用到的图像等配套学习资源。

如果读者有 Python 基础，想系统学习 OpenCV，那么本书对于你来说是不错的选择。

图书在版编目（CIP）数据

Python OpenCV 从入门到精通 / 明日科技编著. —北京：清华大学出版社，2021.9（2025.2重印）
ISBN 978-7-302-58361-5

I. ①P… II. ①明… III. ①软件工具—程序设计 IV. ①TP311.561

中国版本图书馆 CIP 数据核字（2021）第 115331 号

责任编辑：贾小红
封面设计：飞鸟互娱
版式设计：文森时代
责任校对：马军令
责任印制：沈 露

出版发行：清华大学出版社
网　　址：https://www.tup.com.cn, https://www.wqxuetang.com
地　　址：北京清华大学学研大厦 A 座　　　　邮　编：100084
社 总 机：010-83470000　　　　邮　购：010-62786544
投稿与读者服务：010-62776969，c-service@tup.tsinghua.edu.cn
质量反馈：010-62772015，zhiliang@tup.tsinghua.edu.cn
印 装 者：三河市君旺印务有限公司
经　　销：全国新华书店
开　　本：203mm×260mm　印　张：17.25　字　数：472 千字
版　　次：2021 年 9 月第 1 版　印　次：2025 年 2 月第 8 次印刷
定　　价：79.80 元

产品编号：090251-01

前 言

Preface

OpenCV 的设计初衷是提供易于使用的计算机视觉接口，以帮助开发人员在实际开发中快速建立精巧的视觉应用。为此，OpenCV 库包含了从计算机视觉各个领域衍生出来的 500 多种方法。这使得 OpenCV 自测试版发布以来，就被广泛地应用在安保行业、航空领域和其他高精尖的科研工作中。近年来，随着 Python 语言的强势崛起，Python OpenCV 已经成为一个很好的学习方向。

本书内容

本书的写作思路是以入门为主、进阶为辅。全书共分 4 篇，大体结构如下图所示。

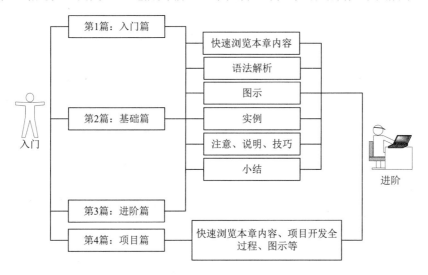

第 1 篇：入门篇。本篇包括 Python 与 OpenCV、搭建开发环境、图像处理的基本操作、像素的操作和色彩空间与通道。这些内容的作用相当于"扫盲"，即完成一个从"什么都不知道"到"掌握关键知识点"的转变过程，为学习后面的内容奠定基础。

第 2 篇：基础篇。本篇介绍了绘制图形和文字、图像的几何变换、图像的阈值处理和图像的运算。学习完这一部分后，读者不仅能够直观地看到运用 OpenCV 处理图像后的效果，还能够了解 OpenCV 程序的编码步骤和注意事项。

第 3 篇：进阶篇。本篇的内容较多，包含了 6 章内容，分别是模板匹配、滤波器、腐蚀与膨胀、图形检测、视频处理以及人脸检测和人脸识别。这 6 章内容虽然相对独立，但是在实际开发过程中，是相辅相成、相得益彰的。

第 4 篇：项目篇。本篇通过一个完整的小型 MR 智能视频打卡系统，按照"需求分析→系统设计→文件系统设计→数据实体模块设计→工具模块设计→服务模块设计→程序入口设计"顺序，手把手指导读者运用 Python OpenCV 完成软件项目的开发实践。

本书特点

☑ **主流技术，全面覆盖**：本书内容丰富，涵盖了 Open CV 图像处理技术的方方面面，如图像的几何变换、阈值处理、图像运算、模板匹配、滤波器、腐蚀与膨胀、图形检测、视频处理、人脸检测和人脸识别等。

☑ **深入浅出，通俗易懂**：本书专注于图像处理本身，在编写过程中尽量避免使用过多的专业名词，尽可能忽略图像处理算法的具体实现细节，降低阅读和学习难度，读者更易入门和上手。

☑ **学练结合，凸显效果**：本书实例丰富，提供了 130 个应用实例，读者可边学边练，更快地掌握 Python OpenCV 的编码步骤和关键技术。此外，通过对比原图，可更直观地看到图像经过处理后的效果。

☑ **项目实战，累积经验**：本书给出了 MR 智能视频打卡系统的完整项目开发过程，手把手指导读者进行需求分析、系统设计，编写出能实现各模块指定功能的代码，积累项目开发经验。

☑ **小栏目，大提醒**：本书使用了很多"注意""说明"等小栏目，目的是让读者在学习过程中快速熟悉容易出错的地方，快速理解关键知识点，轻松掌握编程步骤，积累编程技巧。

读者对象

☑ 初学编程的自学者　　　　　　　　☑ 编程爱好者

☑ 大中专院校的教师和学生　　　　　☑ 相关培训机构的教师和学员

☑ 毕业设计的学生　　　　　　　　　☑ 初、中级程序开发人员

☑ 程序测试及维护人员　　　　　　　☑ 参加实习的"菜鸟"程序员

读者服务

　　本书配套的学习资源，读者可登录清华大学出版社网站（www.tup.com.cn），在对应图书页面下获取其下载方式。本书为黑白印刷，为方便读者学习，将书中彩色效果的图片上传至云盘，读者可扫描图书封底的"文泉云盘"二维码，获取其下载方式。

致读者

　　本书由明日科技 Python 开发团队组织编写。明日科技是一家专业从事软件开发、教育培训以及软件开发教育资源整合的高科技公司，其编写的教材非常注重选取软件开发中的必需、常用内容，同时也很注重内容的易学、方便性以及相关知识的拓展性，深受读者喜爱。其教材多次荣获"全行业优秀畅销品种""全国高校出版社优秀畅销书"等奖项，多个品种长期位居同类图书销售排行榜的前列。

　　在编写本书的过程中，我们始终本着科学、严谨的态度，力求精益求精，但不足、疏漏之处在所难免，敬请广大读者批评指正。

　　感谢您购买本书，希望本书能成为您编程路上的领航者。

　　"每门课"编程，一切皆有可能。

　　祝读书快乐！

编　者
2021 年 7 月

目 录

Contents

第1篇 入 门 篇

第2篇 基 础 篇

第3篇 进 阶 篇

第 4 篇 项 目 篇

第 1 篇　入门篇

本篇包括 Python 与 OpenCV、搭建开发环境、图像处理的基本操作、像素的操作和色彩空间与通道。这 5 章的作用相当于"扫盲",即完成一个从"什么都不知道"到"掌握关键知识点"的转变过程,为学习后面的内容奠定基础。

第 1 章

Python 与 OpenCV

Python 是当下热门的一种编程语言，语法简洁、功能强大。OpenCV 是一个开源的计算机视觉库，能够让开发人员更专注处理图像本身，而非处理图像时的具体实现算法。也就是说，OpenCV 让结构复杂的计算机视觉应用变得非常容易。因此，OpenCV 被广泛地应用于各个领域。本章将从 Python 出发，途经 OpenCV，走进 Python OpenCV。

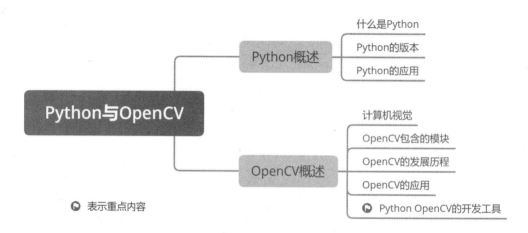

1.1 Python 概述

1.1.1 什么是 Python

Python 本义是巨蟒。1989 年，荷兰人 Guido van Rossum 发明了一种面向对象的解释型高级编程语言，将其命名为 Python，其标志如图 1.1 所示。Python 的设计思想为优雅、明确和简单，实际上，Python 始终贯彻着这一理念，以至于现在网络上流传着"人生苦短，我用 Python"的说法，可见 Python 有着简单、开发速度快、节省时间和容易学习等特点。

图 1.1　Python 的标志

Python 是一种扩充性强大的编程语言，它具有丰富和强大的库，能够把使用其他语言制作的各种模块（尤其是 C/C++）很轻松地联结在一起，所以 Python 常被称为"胶水"语言。

1991 年，Python 的第一个公开发行版问世。从 2004 年开始，Python 的使用率呈线性增长，越来越受到编程者的欢迎和喜爱。最近几年，伴随着大数据和人工智能的蓬勃发展，Python 语言越来越火爆，也越来越受到开发者的青睐，图 1.2 是 2021 年 6 月 TIBOE 编程语言排行榜，Python 排在第 2 位。

Jun 2021	Jun 2020	Change		Programming Language	Ratings	Change
1	1			C	12.54%	-4.65%
2	3	^		Python	11.84%	+3.48%
3	2	∨		Java	11.54%	-4.56%
4	4			C++	7.36%	+1.41%
5	5			C#	4.33%	-0.40%
6	6			Visual Basic	4.01%	-0.68%

图 1.2　2021 年 6 月 TIBOE 编程语言排行榜

1.1.2　Python 的版本

Python 自发布以来，主要有 3 个版本：1994 年发布的 Python 1.x 版本（已过时）、2000 年发布的 Python 2.x 版本和 2008 年发布的 Python 3.x 版本。

1.1.3　Python 的应用

Python 作为一种功能强大的编程语言，因其简单易学而受到很多开发者的青睐。那么 Python 的应用领域有哪些呢？概括起来主要有以下几个。

- ☑ Web 开发。
- ☑ 大数据处理。
- ☑ 人工智能。
- ☑ 自动化运维开发。
- ☑ 云计算。
- ☑ 爬虫。
- ☑ 游戏开发。

例如，我们经常访问的集电影、读书、音乐于一体的创新型社区豆瓣、国内著名网络问答社区知乎、国际上知名的游戏 *Sid Meier's Civilization* 即《文明》等都是使用 Python 开发的。这些网站和应用的效果如图 1.3～图 1.5 所示。

图 1.3　豆瓣首页

图 1.4　知乎首页

很多企业都将 Python 作为其项目开发的主要语言，例如世界上最大的搜索引擎 Google 公司、专注编程教育二十年的明日科技、世界最大的短视频网站 YouTube 和覆盖范围最广的社交网站 facebook 等，如图 1.6 所示。

图 1.5　《文明》游戏首页

图 1.6　应用 Python 的公司

说明

Python 语言不仅可以应用到网络编程、游戏开发等领域，还在图形图像处理、智能机器人、爬取数据、自动化运维等多方面崭露头角，为开发者提供简约、优雅的编程体验。

1.2　OpenCV 概述

OpenCV 是一个开源的计算机视觉库，可以在 Windows、Linux、MacOS 等操作系统上运行。它起源于英特尔性能实验室的实验研究，由俄罗斯的专家负责实现和优化，并以为计算机视觉提供通用性接口为目标。

1.2.1　计算机视觉

人类由于被赋予了视觉，因此很容易认为"计算机视觉是一种很容易实现的功能"。但是，这种想法是错误的。

如图 1.7 所示，人类的视觉能够很轻易地从这幅图像中识别花朵。但是，计算机视觉不会像人类视觉那样能够对图像进行感知和识别，更不会自动控制焦距和光圈，而是把图像解析为按照栅格状排列的数字。以图 1.7 为例，计算机视觉将其解析为如图 1.8 所示的按照栅格状排列的数字（图 1.8 只是图 1.7 的一部分）。

```
[[[38 68 43]
  [33 63 38]
  [34 64 39]
  ...
  [47 49 50]
  [50 52 53]
  [53 54 58]]

 [[33 63 38]
  [34 64 39]
  [37 67 42]
  ...
  [38 40 41]
  [41 43 44]
  [44 46 47]]]
```

图 1.7　一幅显示花朵的彩色图像　　　　　图 1.8　计算机视觉中的图 1.7

这些按照栅格状排列的数字包含大量的噪声，噪声在图像上常表现为引起较强视觉效果的孤立像素点或像素块，使得图像模糊不清。因此，噪声是计算机视觉面临的一个难题。要让图片变得清晰，就需要对抗噪声。

计算机视觉使用统计的方法对抗噪声，例如，计算机视觉虽然很难通过某个像素或者这个像素的相邻像素判断这个像素是否在图像主体的边缘上，但是如果对图像某一区域内的像素做统计，那么上述判断就变得简单了，即在指定区域内，图像主体的边缘应该表现为一连串独立的像素，而且这一连串像素的方向应该是一致的。这部分内容就是本书第 13 章要为读者讲解的图形检测。

例如，使用图形检测的相关方法，能够把图 1.9 中的图形边缘绘制成红色，进而得到如图 1.10 所示的效果。

图 1.9　简单的几何图像

图 1.10　把图形边缘绘制成红色

为了有效地解决计算机视觉面临的难题，OpenCV 提供了许多模块，这些模块中的方法具有很好的完备性。

1.2.2　OpenCV 包含的模块

OpenCV 是由很多模块组成的，这些模块可以分为很多层，具体如图 1.11 所示。

那么，OpenCV 包含的模块有哪些呢？表 1.1 列举的是 OpenCV 常用的模块。

OpenCV和操作系统的交互	最上层
OpenCV Contrib模块 语言绑定和示例应用程序	
OpenCV的核心 用于解决计算机视觉面临的难题的方法	
OpenCV HAL 基于硬件加速层的各种硬件优化	最底层

图 1.11　OpenCV 包含的模块的层级结构

表 1.1　OpenCV 常用的模块及其说明

模　　块	说　　明
Core	包含 OpenCV 库的基础结构以及基本操作
Improc	包含基本的图像转换，包括滤波以及卷积操作
Highgui	包含用于显示图像或者进行简单输入的用户交互方法。可以看作是一个非常轻量级的 Windows UI 工具包
Video	包含读取和写视频流的方法
Calib3d	包含校准单个、双目以及多个相机的算法
Feature2d	包含用于检测、描述以及匹配特征点的算法
Objdectect	包含检测特定目标的算法
ML	包含大量的机器学习的算法
Flann	包含一些不会直接使用的方法，但是这些方法供其他模块调用
GPU	包含在 CUDA GPU 上优化实现的方法
Photo	包含计算摄影学的一些方法
Stitching	是一个精巧的图像拼接流程的实现

说明

表 1.1 中的模块随着 OpenCV 的版本不断地更新而发生变化，有的可能被取消，有的可能被融合到其他模块中。

为了快速建立精巧的视觉应用，OpenCV 提供了许多模块和方法。开发人员不必过多关注这些模块和方法的具体实现细节，只需关注图像处理本身，就能够很方便地使用它们对图像进行相应的处理。

1.2.3　OpenCV 的发展历程

从 2009 年 3 月至今，OpenCV 的发展历程如图 1.12 所示。随着 OpenCV 被越来越多的用户认可并提供越来越多的技术支持，OpenCV 的研发团队也加大了研究人员和研究经费的投入，这使得 OpenCV 的下载量逐年增长。

OpenCV 的发展不是一帆风顺的。OpenCV 在发展历程中，不仅受到了互联网行业泡沫经济的冲击，还受到了管理层和管理方向不断变更的影响，有时甚至没有研究人员和研究经费的投入。但是，随着多核处理器的出现以及计算机视觉的应用越来越广泛，OpenCV 的应用价值开始上升。

截至目前，OpenCV 已经得到了基金会、一些上市公司和私人机构的支持。OpenCV 的宗旨是促进商业（利用 OpenCV 构建商业产品）和研究，因此 OpenCV 是开源并且免费的。这不仅使得 OpenCV 拥有着庞大的用户群体，还使得 OpenCV 在世界各国逐渐流行起来。

图 1.12　自 2009 年 OpenCV 的发展历程

1.2.4　OpenCV 的应用

因为 OpenCV 是一个开源的计算机视觉库，所以在举例介绍 OpenCV 的应用之前，先对计算机视觉的应用进行介绍。

计算机视觉不仅被广泛地应用到安保行业（见图 1.13 中的监控摄像头），还被应用到网页端的图像和视频处理以及游戏交互中，甚至在某些现代化工厂里，被应用到产品质检工作上。此外，计算机视觉还被应用到一些高精尖领域，包括无人机领域和航空航天领域等，这些领域使用计算机视觉中的图像拼接技术获取街景图像（见图 1.14）或者航空图像（见图 1.15）。

图 1.13　监控摄像头

图 1.14　街景图像

图 1.15　航空图像

OpenCV 自发布起便得到广泛应用，其中包括在安保以及工业检测系统，网络产品以及科研工作，医学、卫星和网络地图（例如，医学图像的降噪，街景图像或者航空图像的拼接及其扫描校准等），汽车自动驾驶，相机校正等。此外，OpenCV 还被应用到处理声音的频谱图像上，进而实现对声音的识别。

1.2.5 Python OpenCV 的开发工具

Python 相比 Java、C、C++等编程语言，其优势在于集成度高。虽然 Python 的执行效率低，但是可以调用大量免费使用的类库。Java、C、C++语言如果要实现一个功能，那么需要先实现其中的基本功能模块。Python 直接调用相应的类库就能将这个功能轻松实现。简单地说，Python 通过简短的代码就能够实现很强大的功能。

此外，Python 在 OpenCV、Web、爬虫、数据分析等方向都有很好的发展前景。Python OpenCV 的优势在于 Python 能够借助 OpenCV 库轻轻松松地实现对图像的处理操作。

手巧不如家什妙，Python OpenCV 的开发工具如图 1.16 所示。

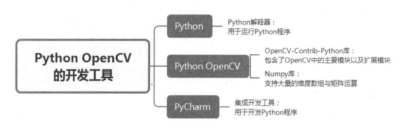

图 1.16 Python OpenCV 的开发工具

1.3 小 结

本章先介绍了什么是 Python 和 Python 的版本及应用，然后介绍了什么是计算机视觉、OpenCV 中的模块和 OpenCV 的发展历程及应用，还阐述了 Python OpenCV 的优势。读者学习本章后，要掌握 Python OpenCV 常用的 2 个库：一个是 OpenCV-Contrib-Python 库；另一个是 Numpy 库。关于这 2 个库的简单描述，读者可以参考如图 1.16 所示的思维导图。

第 2 章

搭建开发环境

第 1 章介绍了本书要使用的开发工具，它们分别是 Python 解释器、OpenCV-Contrib-Python 库、Numpy 库和集成开发工具 PyCharm。使用这些开发工具前，需先对它们进行下载和安装。为了方便读者操作，本章将通过图文结合的方式详细讲解上述开发工具的下载和安装。

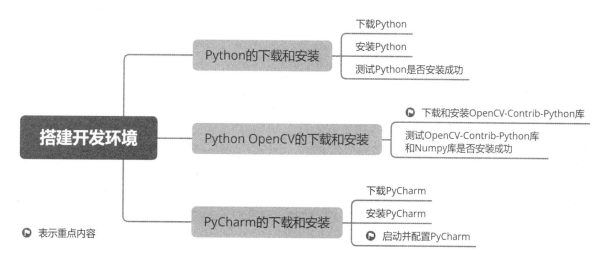

2.1　Python 的下载和安装

工欲善其事，必先利其器。为了使用 Python OpenCV 对图像进行处理，本节介绍 Python 的下载和安装。Python 是跨平台的开发工具，可以在 Windows、Linux 和 MacOS 等操作系统上使用。

说明

本节使用的是 64 位的 Windows 10 操作系统。

2.1.1　下载 Python

在 Python 的官网中，可以很方便地下载 Python 的开发工具，具体下载步骤如下。

（1）打开浏览器，在浏览器的地址栏中输入 Python 的官网地址 https://www.python.org/，按 Enter 键后，进入 Python 的官网首页；将鼠标移动到 Downloads 菜单上，显示如图 2.1 所示的菜单项。

 说明

> 推荐使用 Python 3.8.2 及其以上版本。

（2）单击图 2.1 中的 Windows 菜单项后，将进入详细的下载列表，如图 2.2 所示。

图 2.1　Downloads 菜单中的菜单项

图 2.2　适合 Windows 系统的 Python 下载列表

 说明

> 在如图 2.2 所示的下载列表中，带有"x86"字样的压缩包，表示该开发工具可以在 Windows 32 位系统上使用；而带有"x86-64"字样的压缩包，则表示该开发工具可以在 Windows 64 位系统上使用。另外，标记为"web-based installer"字样的压缩包，表示需要通过联网完成安装；标记为"executable installer"字样的压缩包，表示通过可执行文件(*.exe)方式离线安装；标记为"embeddable zip file"字样的压缩包，表示嵌入式版本，可以集成到其他应用中。

（3）在如图 2.2 所示的下载列表中，列出了各个版本的下载链接，可以根据需要选择相应的版本进行下载。因为本书使用的是 64 位的 Windows 10 操作系统，所以选择并单击 Windows x86-64 executable installer 超链接进行下载。

（4）下载完成后，将得到一个名为 python-3.8.2-amd64.exe 的安装文件。

2.1.2 安装 Python

安装 Python 的步骤如下。

（1）双击下载完成后得到的安装文件 python-3.8.2-amd64.exe，将显示如图 2.3 所示的安装向导对话框；选中当前对话框中的 Add Python 3.8 to PATH 复选框，表示自动配置环境变量。

（2）单击图 2.3 中的 Customize installation 按钮，进行自定义安装；在弹出的如图 2.4 所示的安装选项对话框中，都采用默认设置。

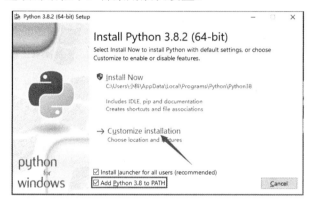

图 2.3　Python 安装向导对话框

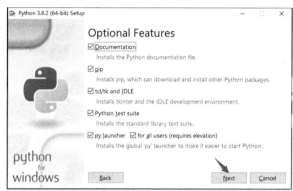

图 2.4　安装选项对话框

（3）单击图 2.4 中的 Next 按钮，弹出如图 2.5 所示的高级选项对话框。在当前对话框中，除了默认设置外，选中 Install for all users 复选框（表示当前计算机的所有用户都可以使用）；单击 Browse 按钮，设置 Python 的安装路径。

注意

　　在设置安装路径时，建议路径中不要使用中文或空格，避免使用过程中出现错误。

（4）单击图 2.5 中的 Install 按钮后，将显示如图 2.6 所示的 Python 安装进度。

图 2.5　高级选项对话框

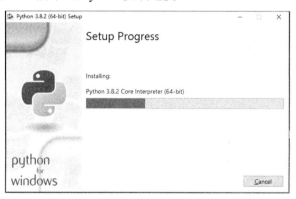

图 2.6　Python 安装进度

（5）安装完成后，将显示如图 2.7 所示的对话框，单击 Close 按钮关闭当前对话框即可。

图 2.7　安装完成对话框

2.1.3　测试 Python 是否安装成功

测试 Python 是否安装成功的步骤如下。

（1）单击开始菜单，直接输入 cmd，如图 2.8 所示。

（2）按 Enter 键后，打开"命令提示符"窗口，如图 2.9 所示。

图 2.8　单击开始菜单输入 cmd

图 2.9　"命令提示符"窗口

（3）在"命令提示符"窗口中的光标处输入 python，按 Enter 键；如果当前窗口显示如图 2.10 所示的信息，说明 Python 安装成功。

图 2.10　安装成功后输入 python 显示的信息

说明

图 2.10 中的信息是在"命令提示符"窗口中的光标处输入 python 后显示的。如果读者朋友选择的版本不同，测试时显示的信息会与图 2.10 中显示的有所差异。当"命令提示符"窗口出现>>>时，说明 Python 已经安装成功，而且已经进入 Python，正在等待用户输入 Python 命令。

2.2　Python OpenCV 的下载和安装

为了更快速、更简单地下载和安装 Python OpenCV，本书将从清华镜像下载和安装 OpenCV-Contrib-Python 库。在这个库中，除包括 OpenCV-Contrib-Python 库外，还包括 Numpy 库。Numpy 库是 Python 语言的一个扩展程序库，支持大量的维度数组与矩阵运算。

2.2.1　下载和安装 OpenCV-Contrib-Python 库

从清华镜像下载和安装 OpenCV-Contrib-Python 库的步骤如下。

（1）读者朋友可以参照图 2.8 和图 2.9，打开"命令提示符"窗口。

（2）在"命令提示符"窗口中的光标处输入 pip install -i https://pypi.tuna.tsinghua.edu.cn/simple opencv-contrib-python，如图 2.11 所示。

图 2.11　输入 pip 命令

 说明

（1）https://pypi.tuna.tsinghua.edu.cn/simple 是清华大学提供的用于下载和安装 OpenCV-Contrib-Python 库的镜像地址。

（2）pip 命令是用于查找、下载、安装和卸载 Python 库的管理工具。如果图 2.11 中的 pip 命令得不到如图 2.12 所示的界面，那么要将 pip 命令修改为 pip install opencv-python。

（3）按 Enter 键后，系统将自动从 https://pypi.tuna.tsinghua.edu.cn/simple 先下载 OpenCV-Contrib-Python 库，再下载 Numpy 库。待 OpenCV-Contrib-Python 库和 Numpy 库都下载完成后，系统将自动安装 Numpy 库和 OpenCV-Contrib-Python 库，如图 2.12 所示。

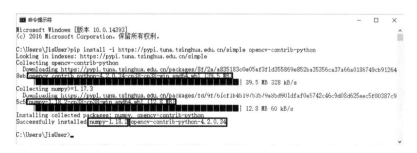

图 2.12　安装 Numpy 库和 OpenCV-Contrib-Python 库

2.2.2 测试 OpenCV-Contrib-Python 库和 Numpy 库是否安装成功

测试 OpenCV-Contrib-Python 库和 Numpy 库是否安装成功的步骤如下。

（1）如图 2.13 所示，在光标处输入 python，按 Enter 键，进入 Python。

（2）当"命令提示符"窗口出现>>>时，在光标处输入 import cv2，按 Enter 键。如果"命令提示符"窗口在新的一行出现>>>，说明 OpenCV-Contrib-Python 库安装成功。

（3）在新的一行的>>>后的光标处输入 import numpy as np，按 Enter 键。如果"命令提示符"窗口在新的一行出现>>>，说明 Numpy 库安装成功。

（4）在新的一行的>>>后的光标处输入 exit()，按 Enter 键，退出 Python。

（5）在"命令提示符"窗口的光标处输入 exit 或者 exit()，按 Enter 键，退出"命令提示符"窗口。

 说明

exit()用于退出 Python，exit 或 exit()用于退出"命令提示符"窗口。

图 2.13　测试 OpenCV-Contrib-Python 库和 Numpy 库是否安装成功

2.3　PyCharm 的下载和安装

PyCharm 是由 JetBrains 公司开发的一款 Python 开发工具，在 Windows、MacOS 和 Linux 操作系统中都可以使用，它具有语法高亮显示、Project（项目）管理代码跳转、智能提示、自动完成、调试、单元测试和版本控制等功能。使用 PyCharm 可以大大提高 Python 项目的开发效率，本节将对 PyCharm 的下载和安装进行讲解。

2.3.1　下载 PyCharm

PyCharm 的下载非常简单，打开浏览器，在浏览器的地址栏中输入 PyCharm 的官网地址：

https://www.jetbrains.com/pycharm/download/。单击 PyCharm 官网首页右侧 Community 下的 Download 按钮，即可下载 PyCharm 的免费社区版，如图 2.14 所示。

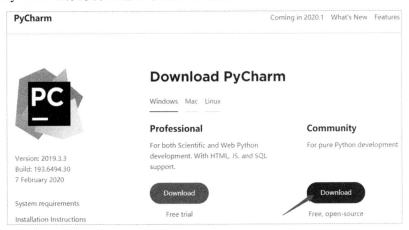

图 2.14　PyCharm 官网首页

说明

PyCharm 有两个版本，一个是社区版（免费并且提供源程序），另一个是专业版（免费试用，正式使用时需要付费）。建议读者下载免费的社区版本。

下载完成的 PyCharm 安装文件如图 2.15 所示。

PC pycharm-community-2019.3.3.exe

图 2.15　下载完成的 PyCharm 安装文件

说明

笔者在下载 PyCharm 时，最新版本是 PyCharm 2019.3.3 版本。读者在下载时，不用担心版本的匹配，只要下载官方提供的最新版本，即可正常使用。

2.3.2　安装 PyCharm

安装 PyCharm 的步骤如下。

（1）双击图 2.15 中的 PyCharm 安装文件，单击欢迎界面中的 Next 按钮，进入更改 PyCharm 安装路径的界面。

（2）如图 2.16 所示，建议单击 Browse 按钮更改 PyCharm 默认的安装路径。更改安装路径后，单击 Next 按钮，进入设置快捷方式和关联文件界面。

（3）如图 2.17 所示，首先选中 64-bit launcher 复选框（因为笔者使用的操作系统是 64 位的 Windows 10），然后选中.py 复选框（默认使用 PyCharm 打开.py 文件（Python 脚本文件）），最后选中 Add launchers dir to the PATH 复选框。单击 Next 按钮，进入选择开始菜单文件夹界面。

注意

当更改 PyCharm 安装路径时，强烈建议不要把软件安装到操作系统所在的磁盘，避免因重装系统，损坏 PyCharm 路径下的 Python 程序。此外，在新的安装路径中，建议不要使用中文和空格。

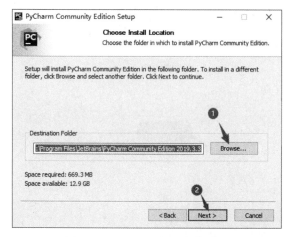

图 2.16　更改 PyCharm 安装路径

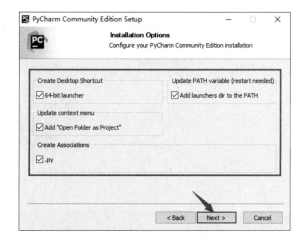

图 2.17　设置快捷方式和关联文件

（4）如图 2.18 所示，选择开始菜单文件夹界面中的内容采用默认设置即可。单击 Install 按钮（安装时间大概 10min 左右，请耐心等待）。

（5）如图 2.19 所示，安装完成后，单击 Finish 按钮。

图 2.18　选择开始菜单文件夹界面

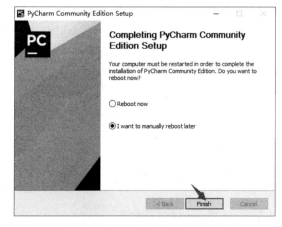

图 2.19　完成 PyCharm 的安装

2.3.3　启动并配置 PyCharm

启动并配置 PyCharm 的步骤如下。

（1）如图 2.20 所示，双击桌面上的 PyCharm Community Edition 2019.3.3 快捷方式，即可启动

PyCharm。

（2）启动 PyCharm 后，进入如图 2.21 所示的接受 PyCharm 协议界面，先选中 I confirm that I have read and accept the terms of this User Agreement 复选框，再单击 Continue 按钮。

（3）进入如图 2.22 所示的 PyCharm 欢迎界面后，单击 Create New Project，创建一个名为 PythonDevelop 的 Python 项目。

图 2.20　PyCharm 桌面快捷方式

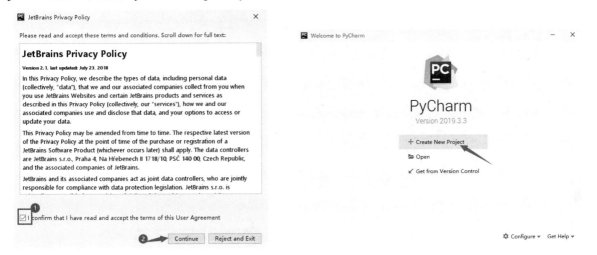

图 2.21　接受 PyCharm 协议　　　　　　图 2.22　PyCharm 欢迎界面

（4）如图 2.23 所示，当 PyCharm 第一次创建 Python 项目时，需先设置 Python 项目的存储位置和虚拟环境路径（python.exe 的存储位置）。

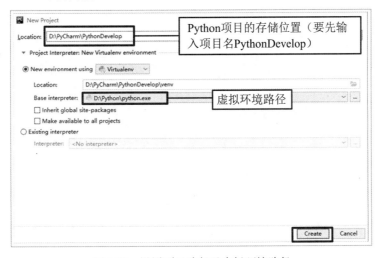

图 2.23　设置项目路径及虚拟环境路径

注意

　　当设置 Python 项目的存储位置和虚拟环境路径时，建议路径中不要使用中文。

17

（5）单击图 2.23 中的 Create 按钮，即可进入如图 2.24 所示的 PyCharm 主窗口。

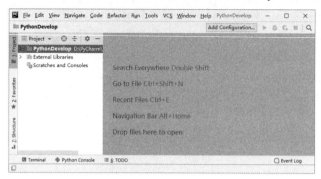

图 2.24　PyCharm 主窗口

（6）如图 2.25 所示，在 PyCharm 中，右击 PythonDevelop，然后在弹出的快捷菜单中依次选择 New→Python File，这样就能够在 PythonDevelop 中新建一个.py 文件。

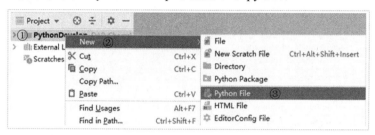

图 2.25　在 PythonDevelop 中新建一个.py 文件

（7）如图 2.26 所示，在弹出的对话框中输入文件名（即 ImageTest）。

（8）按 Enter 键后，进入 ImageTest.py 文件。在 ImageTest.py 文件中，输入 import cv2，这时 PyCharm 出现如图 2.27 所示的错误。

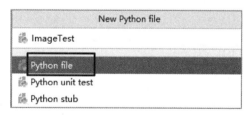

图 2.26　输入.py 文件的文件名

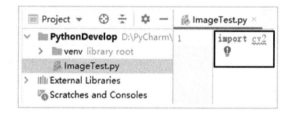

图 2.27　输入 import cv2 时出现错误

说明

导致错误的原因是 PythonDevelop 没有添加 OpenCV-Contrib-Python 库（包括 Numpy 库）。

（9）为了排除图 2.27 中出现的错误，在 PyCharm 菜单栏中依次选择 File→Settings 命令，操作步骤如图 2.28 所示。

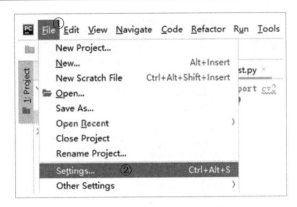

图 2.28　打开 Settings 对话框

（10）打开 Settings 对话框后，单击 Project: PythonDevelop，在弹出的下拉列表中选择 Project Interpreter 命令，界面效果如图 2.29 所示。

图 2.29　单击 Project Interpreter 后的界面效果

（11）单击图 2.29 右上角的齿轮按钮，齿轮图标会弹出如图 2.30 所示的对话框，选择并单击对话框中的 Add。

图 2.30　选择并单击 Add

（12）打开如图 2.31 所示的 Add Python Interpreter 对话框，选择并单击 Virtualenv Environment，在右侧的选项卡中选中 Existing environment 单选按钮，然后单击"省略号"按钮，把 python.exe 的存储位置输入 Interpreter 文本框中，单击 OK 按钮。

说明

> 笔者把 python.exe 存储在 D 盘下的 Python 文件夹中，因此图 2.31 中 Interpreter 后的文本框中的路径是 D:\Python\python.exe。读者朋友需根据具体情况输入 python.exe 的存储位置。

（13）这时窗口将返回至如图 2.29 所示的界面，但是与图 2.29 不同的是 OpenCV-Contrib-Python 库和 Numpy 库已经添加到 PythonDevelop 项目中，如图 2.32 所示。

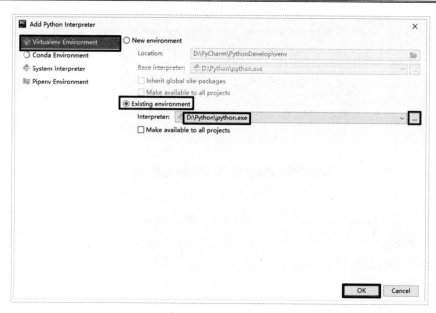

图 2.31　输入 python.exe 的存储位置

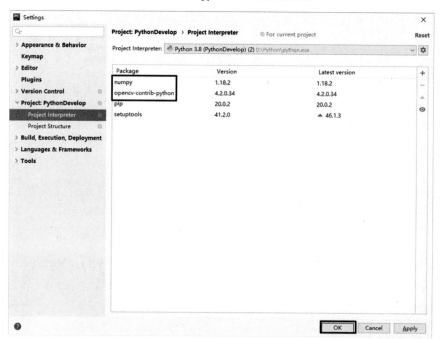

图 2.32　成功添加 OpenCV-Contrib-Python 库和 Numpy 库

（14）单击图 2.32 中的 OK 按钮后，即可排除图 2.27 中出现的错误，如图 2.33 所示。PyCharm 排除错误会耗时 30s 左右，请耐心等待。

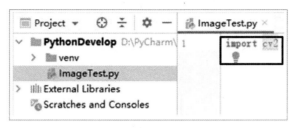

图 2.33　排除图 2.27 中出现的错误

2.4　小　　结

本章分别介绍了 Python、OpenCV-Contrib-Python 库、Numpy 库和 PyCharm 的下载和安装方法。读者需要掌握其中的 3 个方面内容：一是下载可以离线安装的、标记为 executable installer 字样的 Python 压缩包；二是使用 pip 命令下载 OpenCV-Contrib-Python 库和 Numpy 库；三是把 OpenCV-Contrib-Python 库和 Numpy 库配置到 PyCharm 中。

第3章

图像处理的基本操作

OpenCV 的作用在于让开发人员更容易地通过编码来处理图像。那么，处理图像需要执行哪些操作呢？图像处理的基本操作包含 4 个方面的内容：读取图像、显示图像、保存图像和获取图像属性。其中，常用的图像属性有 3 个：shape、size 和 dtype。本章将依次详解实现图像处理的 4 个基本操作，并分别阐明常用的 3 个图像属性各自的含义及其使用方法。

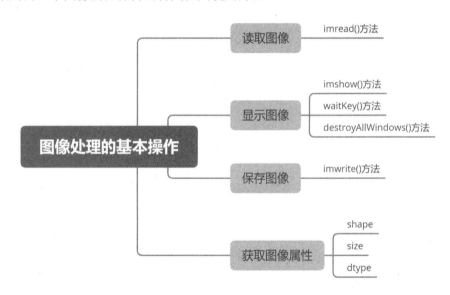

3.1 读 取 图 像

要对一幅图像进行处理，首先要做的就是读取这幅图像。那么，如何才能读取这幅图像呢？OpenCV提供了用于读取图像的 imread()方法，其语法格式如下：

```
image = cv2.imread(filename, flags)
```

参数说明：

☑ image：imread()方法的返回值，返回的是读取到的图像。

☑ filename：要读取的图像的完整文件名。例如，要读取当前项目目录下的 3.1.jpg，filename 的值为"3.1.jpg"（双引号是英文格式的）。

☑ flags：读取图像颜色类型的标记。当 flags 的默认值为 1 时，表示读取的是彩色图像，此时的 flags 值可以省略；当 flags 的值为 0 时，表示读取的是灰度图像（如果读取的是彩色图像，也将转换为与彩色图像对应的灰度图像）。

说明

灰度图像是一种每个像素都从黑到白，被处理为 256 个灰度级别的单色图像。256 个灰度级别分别用 0（纯黑色）～255（纯白色）的数值表示。

【实例 3.1】 读取当前项目目录下的图像。（实例位置：资源包\TM\sl\3\01）

如图 3.1 所示，在 PyCharm 中的 PythonDevelop 项目下，有一幅名为 3.1.jpg 的图像。在 ImageTest.py 文件中，先使用 imread()方法读取 3.1.jpg，再使用 print()方法打印 3.1.jpg，代码如下：

```python
import cv2

# 读取 3.1.jpg，等价于 image = cv2.imread("3.1.jpg", 1)
image = cv2.imread("3.1.jpg")
print(image) # 打印 3.1.jpg
```

上述代码打印的部分结果如图 3.2 所示。

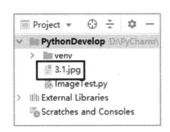

图 3.1　PythonDevelop 项目下的 3.1.jpg

图 3.2　打印 3.1.jpg

说明

图 3.2 输出的数字是 3.1.jpg 的部分像素值。有关像素和像素值的内容，将在本书的第 4 章进行讲解。

如果 3.1.jpg 在 D 盘的根目录下，应该如何使用 imread()方法进行读取呢？

只需将实例 3.1 代码：

```python
image = cv2.imread("3.1.jpg")
```

修改为如下代码：

```
image = cv2.imread("D:/3.1.jpg") # 路径中不能出现中文
```

注意

"D:/3.1.jpg"等价于"D:\\3.1.jpg"。

3.2 显 示 图 像

相比图 3.2 中密密麻麻的数字，如果能够将这幅图像显示出来，就可以更加直观地看到它。为此，OpenCV 提供了 imshow()方法、waitKey()方法和 destroyAllWindows()方法。

（1）imshow()方法用于显示图像，其语法格式如下：

```
cv2.imshow(winname, mat)
```

参数说明：

☑ winname：显示图像的窗口名称。

☑ mat：要显示的图像。

（2）waitKey()方法用于等待用户按下键盘上按键的时间。当用户按下键盘上的任意按键时，将执行 waitKey()方法，并且获取 waitKey()方法的返回值。其语法格式如下：

```
retval = cv2.waitKey(delay)
```

参数说明：

☑ retval：与被按下的按键对应的 ASCII 码。例如，Esc 键的 ASCII 码是 27，当用户按 Esc 键时，waitKey()方法的返回值是 27。如果没有按键被按下，waitKey()方法的返回值是-1。

☑ delay：等待用户按下键盘上按键的时间，单位为毫秒（ms）。当 delay 的值为负数、0 或者空时，表示无限等待用户按下键盘上按键的时间。

（3）destroyAllWindows()方法用于销毁所有正在显示图像的窗口，其语法格式如下：

```
cv2.destroyAllWindows()
```

【实例 3.2】 显示图像。（实例位置：资源包\TM\sl\3\02）

编写一个程序，使用 imread()方法、imshow()方法、waitKey()方法和 destroyAllWindows()方法，读取并显示 PythonDevelop 项目下的 3.1.jpg，代码如下：

```
import cv2

image = cv2.imread("3.1.jpg")          # 读取 3.1.jpg
cv2.imshow("flower", image)            # 在名为 flower 的窗口中显示 3.1.jpg
```

```
cv2.waitKey()                          # 按下任何键盘按键后
cv2.destroyAllWindows()                # 销毁所有窗口
```

上述代码的运行结果如图 3.3 所示。

注意

（1）显示图像的窗口名称不能使用中文（例如，把实例 3.2 第 4 行代码中的"flower"修改为"鲜花"），否则会出现如图 3.4 所示的乱码。

（2）为了能够正常显示图像，要在 cv2.imshow()之后紧跟着 cv2.waitKey()。

图 3.3　显示 3.1.jpg

图 3.4　窗口名称是中文时出现乱码

依据 imread()方法的语法，如果把实例 3.2 第 3 行代码：

```
image = cv2.imread("3.1.jpg")
```

修改为如下代码：

```
image = cv2.imread("3.1.jpg", 0)
```

即可得到由 3.1.jpg 转换得到的灰度图像，如图 3.5 所示。

图 3.5　由 3.1.jpg 转换得到的灰度图像

如果想设置窗口显示图像的时间为 5s，又该如何编写代码呢？

只需将实例 3.2 第 5 行代码：

```
cv2.waitKey()
```

修改为如下代码：

```
cv2.waitKey(5000) # 1000ms 为 1s，5000ms 为 5s
```

3.3 保 存 图 像

在实际开发的过程中，对一幅图像进行一系列的处理后，需要保存处理图像后的结果。为此，OpenCV 提供了用于按照指定路径保存图像的 imwrite()方法，其语法格式如下：

```
cv2.imwrite(filename, img)
```

参数说明：

☑ filename：保存图像时所用的完整路径。

☑ img：要保存的图像。

【实例 3.3】 保存图像。（实例位置：资源包\TM\sl\3\03）

编写一个程序，把 PythonDevelop 项目下的 3.1.jpg 保存为 E 盘根目录下的、Pictures 文件夹中的 1.jpg，代码如下：

```
import cv2

image = cv2.imread("3.1.jpg") # 读取 3.1.jpg
# 把 3.1.jpg 保存为 E 盘根目录下的、Pictures 文件夹中的 1.jpg
cv2.imwrite("E:/Pictures/1.jpg", image)
```

运行上述代码前，确认 E 盘根目录下有 Pictures 文件夹。如果没有，在 E 盘根目录下新建一个空的 Pictures 文件夹。

运行上述代码后，打开 E 盘根目录下的 Pictures 文件夹，即可看到 1.jpg，如图 3.6 所示。

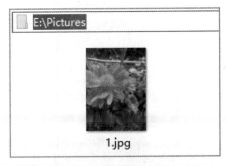

图 3.6 E 盘根目录下 Pictures 文件夹中的 1.jpg

3.4　获取图像属性

在处理图像的过程中，经常需要获取图像的大小、类型等图像属性。为此，OpenCV 提供了 shape、size 和 dtype 3 个常用属性，具体含义分别如下。

- ☑ shape：如果是彩色图像，那么获取的是一个包含图像的水平像素、垂直像素和通道数的数组，即（垂直像素，水平像素，通道数）；如果是灰度图像，那么获取的是一个包含图像的水平像素和垂直像素的数组，即（垂直像素，水平像素）。

说明

　垂直像素指的是垂直方向上的像素，水平像素指的是水平方向上的像素。有关像素、灰度图像和通道的内容，将在本书的第 4 章和第 5 章进行讲解。

- ☑ size：获取的是图像包含的像素个数，其值为"水平像素×垂直像素×通道数"。灰度图像的通道数为 1。
- ☑ dtype：获取的是图像的数据类型。

【实例 3.4】　分别获取彩色图像和灰度图像的属性。（实例位置：资源包\TM\sl\3\04）

编写一个程序，先获取 PythonDevelop 项目下的 3.1.jpg 的属性，再获取由 3.1.jpg 转换得到的灰度图像的属性。代码如下：

```
import cv2

image_Color = cv2.imread("3.1.jpg")        # 读取 3.1.jpg
print("获取彩色图像的属性：")
print("shape =", image_Color.shape)        # 打印彩色图像的（垂直像素，水平像素，通道数）
print("size =", image_Color.size)          # 打印彩色图像包含的像素个数
print("dtype =", image_Color.dtype)        # 打印彩色图像的数据类型
image_Gray = cv2.imread("3.1.jpg", 0)      # 读取与 3.1.jpg（彩色图像）对应的灰度图像
print("获取灰度图像的属性：")
print("shape =", image_Gray.shape)         # 打印灰度图像的（垂直像素，水平像素）
print("size =", image_Gray.size)           # 打印灰度图像包含的像素个数
print("dtype =", image_Gray.dtype)         # 打印灰度图像的数据类型
```

上述代码的运行结果如图 3.7 所示。

图 3.7　获取并打印彩色图像的属性

> **说明**
>
> 图 3.7 中（292, 219, 3）的含义是 3.1.jpg 的垂直像素是 292，水平像素是 219，通道数是 3。（292, 219）的含义是由 3.1.jpg 转换得到的灰度图像的垂直像素是 292，水平像素是 219，通道数是 1。

3.5 小　　结

　　本章主要详解了两个内容：图像处理的基本操作和常用的图像属性。读者在完成图像处理的基本操作的过程中，要注意 3 个问题：一是通过更改参数，imread()方法读取到的图像既可以是一幅彩色图像，也可以是一幅灰度图像；二是为了能够正常显示图像，要在 cv2.imshow()方法后紧跟着 cv2.waitKey()方法；三是当声明路径名时，"/"和"\\"的作用是等价的（例如，D:/3.1.jpg 等价于 D:\\3.1.jpg）。

第4章

像素的操作

像素是图像的最小单位。每一幅图像都是由 M 行 N 列的像素组成的，其中每一个像素都存储一个像素值。以灰度图像为例，计算机通常把灰度图像的像素处理为 256 个灰度级别，256 个灰度级别分别使用区间[0, 255]中的整数数值表示。其中，"0"表示纯黑色；"255"表示纯白色。本章将围绕着像素展开，介绍如何使用 NumPy 模块操作像素。

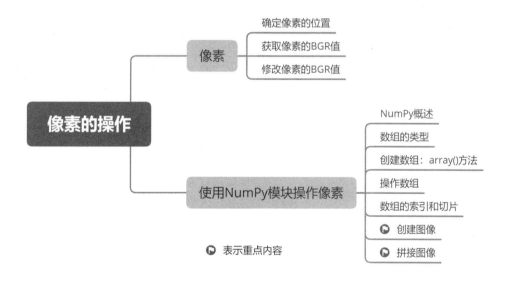

4.1 像　　素

像素是构成数字图像的基本单位。现有一幅显示花朵的图像（见图 4.1），在花瓣边缘提取一个小圆圈圈住的区域，将得到一幅如图 4.2 所示的图像。

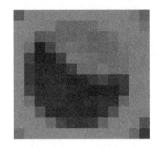

图 4.1 一幅显示花朵的图像　　　　　图 4.2 提取并放大图 4.1 中被圆圈圈住的区域

不难发现，图 4.2 所示的图像是由许多小方块组成的，通常把一个小方块称作一个像素。因此，一个像素是具有一定面积的一个块，而不是一个点。需要注意的是，像素的形状是不固定的，大多数情况下，像素被认为是方形的，但有时也可能是圆形的或者是其他形状的。

4.1.1　确定像素的位置

以图 4.1 为例，在访问图 4.1 中的某个像素前，要确定这个像素在图 4.1 中的位置。那么，这个位置应该如何确定呢？

首先，确定图 4.1 在水平方向和垂直方向的像素个数。图 4.1 的水平方向和垂直方向如图 4.3 所示。

在 Windows 10 系统的"画图"工具中打开图 4.1，得到如图 4.4 所示的界面。在这个界面中，就会得到图 4.1 在水平方向的像素是 219 个，在垂直方向的像素是 292 个。

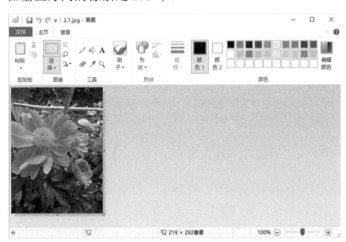

图 4.3 图 4.1 的水平方向和垂直方向　　　　图 4.4 用"画图"工具打开图 4.1

然后，根据图 4.1 在水平方向和垂直方向的像素，绘制如图 4.5 所示的坐标系。

图 4.5　根据图 4.1 在水平方向和垂直方向的像素绘制坐标系

 说明

图 4.1 在水平方向的像素是 219 个，与其对应的是 x 轴的取值范围，即 0 ~ 218; 同理，在垂直方向的像素是 292 个，与其对应的是 y 轴的取值范围，即 0 ~ 291。

这样，就能够通过坐标来确定某个像素在图 4.1 中的位置。在 OpenCV 中，正确表示图 4.1 中某个像素坐标的方式是(y, x)。例如，在如图 4.5 所示的坐标系中，图 4.1 右下角的像素坐标是$(291, 218)$。

【实例 4.1】　表示图 4.1 中的指定像素。（实例位置：资源包\TM\sl\4\01）

编写一段代码，先读取 D 盘根目录下的 4.1.jpg，再表示坐标$(291, 218)$上的像素，具体如下：

```
import cv2

image = cv2.imread("D:/4.1.jpg")          # 读取 D 盘根目录下的 4.1.jpg
px = image[291, 218]                      # 坐标(291, 218)上的像素
```

4.1.2　获取像素的 BGR 值

在 4.1.1 节中，已经得到了坐标$(291, 218)$上的像素 px。现使用 print()方法打印这个像素，将得到这个像素的 BGR 值，代码如下：

```
print("坐标(291, 218)上的像素的 BGR 值是", px)
```

上述代码的运行结果如下：

```
坐标(291, 218)上的像素的 BGR 值是 [36 42 49]
```

不难发现，坐标$(291, 218)$上的像素的 BGR 值是由 36、42 和 49 这 3 个数值组成的。在讲解这 3 个数值各自代表的含义之前，先了解什么是三基色。

如图 4.6 所示，人眼能够感知红色、绿色和蓝色 3 种不同的颜色，因此把这 3 种颜色称作三基色。如果将这 3 种颜色以不同的比例进行混合，人眼就会感知到丰富多彩的颜色。

那么，对于计算机而言，是如何对这些颜色进行编码的呢？答案就是利用色彩空间。也就是说，色彩空间是计算机对颜色进行编码的模型。

以较为常用的 RGB 色彩空间为例，在 RGB 色彩空间中，存在 3 个通道，即 R 通道、G 通道和 B 通道。其中，R 通道指的是红色通道；G 通道指的是绿色通道；B 通道指的是蓝色通道；并且每个色彩通道都在区间[0, 255]内取值。

这样，计算机将利用 3 个色彩通道的不同组合来表示不同的颜色。如图 4.7 所示，通过截图工具，能够得到坐标(291, 218)上的像素值为(49, 42, 36)。

图 4.6　三基色

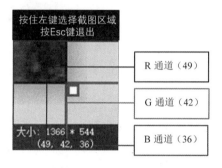

图 4.7　坐标(291, 218)上的像素的像素值

使用 print()方法打印图 4.1 中坐标(291, 218)上的像素 px，其结果是(36, 42, 49)。而图 4.7 中这个坐标上的像素值为(49, 42, 36)。这时会发现这两个结果中的数值是相同的，但顺序是相反的，这是为什么呢？

原因是在 RGB 色彩空间中，彩色图像的通道顺序是 R（49）→G（42）→B（36）；但是，在 OpenCV 中，RGB 色彩空间被 BGR 色彩空间取代，使得彩色图像的通道顺序变为了 B（36）→G（42）→R（49）。

从上文能够知晓，在 BGR 色彩空间的图像中，每 3 个数值表示一个像素，这 3 个数值分别表示蓝色、绿色和红色 3 种颜色分量，把每一种颜色分量所在的区域称作通道。那么，OpenCV 是如何获取指定位置上的像素的 B 通道、G 通道和 R 通道的值呢？

有如下两种方式（以坐标(291, 218)上的像素为例）。

（1）同时获取坐标(291, 218)上的像素的 B 通道、G 通道和 R 通道的值，代码如下：

```
import cv2

image = cv2.imread("D:/4.1.jpg")
px = image[291, 218]                    # 坐标(291, 218)上的像素
print(px)
```

上述代码的运行结果如下：

```
[36 42 49]
```

（2）分别获取坐标(291, 218)上的像素的 B 通道、G 通道和 R 通道的值，代码如下：

```
import cv2

image = cv2.imread("D:/4.1.jpg")
blue = image[291, 218, 0]               # 坐标(291, 218)上的像素的 B 通道的值
```

```
green = image[291, 218, 1]          # 坐标(291, 218)上的像素的 G 通道的值
red = image[291, 218, 2]            # 坐标(291, 218)上的像素的 R 通道的值
print(blue, green, red)
```

上述代码的运行结果如下：

```
36 42 49
```

说明

（1）image[291, 218, 0]中的最后一个数值 0 表示 B 通道。

（2）image[291, 218, 1]中的最后一个数值 1 表示 G 通道。

（3）image[291, 218, 2]中的最后一个数值 2 表示 R 通道。

4.1.3　修改像素的 BGR 值

在 4.1.2 节中，已经获取了图 4.5 中坐标(291, 218)上的像素 px 的 BGR 值，即(36, 42, 49)。现要将像素 px 的 BGR 值由原来的(36, 42, 49)修改为(255, 255, 255)，代码如下：

```
import cv2

image = cv2.imread("D:/4.1.jpg")
px = image[291, 218]
print("坐标(291, 218)上的像素的初始 BGR 值是", px)
px = [255, 255, 255]                # 把坐标(291, 218)上的像素的值修改为[255, 255, 255]
print("坐标(291, 218)上的像素修改后的 BGR 值是", px)
```

上述代码的运行结果如下：

```
坐标(291, 218)上的像素的初始 BGR 值是 [36 42 49]
坐标(291, 218)上的像素修改后的 BGR 值是 [255, 255, 255]
```

说明

对于 BGR 色彩空间的图像，当每个像素的 B、G、R 的 3 个数值相等时，就可以得到灰度图像。其中，B＝G＝R＝0 为纯黑色，B＝G＝R＝255 为纯白色。

【实例 4.2】　修改图 4.1 中指定区域内的所有像素。（实例位置：资源包\TM\sl\4\02）

编写一个程序，将图 4.1 中的坐标(241, 168)、(241, 218)、(291, 168)和(291, 218)的 4 个点所围成的区域内的所有像素都修改为纯白色，代码如下：

```
import cv2
```

```
image = cv2.imread("D:/4.1.jpg")
cv2.imshow("4.1", image)                # 显示图 4.1
for i in range(241, 292):               # i 表示横坐标，在区间[241, 291]内取值
    for j in range(168, 219):           # j 表示纵坐标，在区间[168, 218]内取值
        image[i, j] = [255, 255, 255]   # 把区域内的所有像素都修改为白色
cv2.imshow("4.8", image)                # 显示图 4.8
cv2.waitKey()
cv2.destroyAllWindows()                 # 关闭所有的窗口时，销毁所有窗口
```

上述代码的运行结果如图 4.8 所示（左侧的图片是原图）。

图 4.8　把指定区域内的所有像素都修改为白色

4.2　使用 NumPy 模块操作像素

图像在 OpenCV 中以二维或三维数组表示，数组中的每一个值就是图像的像素值。善于操作数组的 NumPy 模块就成了 OpenCV 的依赖包。OpenCV 中很多操作都要依赖 NumPy 模块，例如创建纯色图像、创建掩模和创建卷积核等。本节将简单介绍 NumPy 模块的常用操作方法，并演示如何利用 NumPy 模块创建图像。

4.2.1　NumPy 概述

NumPy（见图 4.9）更像是一个魔方（见图 4.10），它是 Python 数组计算、矩阵运算和科学计算的核心库，NumPy 来源于 Numerical 和 Python 两个单词。NumPy 提供了一个高性能的数组对象，以及可以轻松创建一维数组、二维数组和多维数组等大量实用方法，帮助开发者轻松地进行数组计算，从而广泛地应用于数据分析、机器学习、图像处理和计算机图形学、数学任务等领域中。由于 NumPy 是由 C 语言实现的，所以其运算速度非常快。具体功能如下。
- ☑　有一个强大的 N 维数组对象 ndarray。
- ☑　广播功能方法。
- ☑　线性代数、傅里叶变换、随机数生成、图形操作等功能。

☑ 整合 C/C++/Fortran 代码的工具。

图 4.9 NumPy   图 4.10 魔方

4.2.2 数组的类型

在对数组进行基本操作前，首先了解一下 NumPy 的数据类型。NumPy 比 Python 增加了更多种类的数值类型，如表 4.1 所示，为了区别于 Python 数据类型，NumPy 中的 bool、int、float、complex 等数据类型名称末尾都加了短下画线"_"。

表 4.1 NumPy 数据类型

数 据 类 型	描 述
bool_	存储为一个字节的布尔值（真或假）
int_	默认整数，相当于 C 的 long，通常为 int32 或 int64
intc	相当于 C 语言的 int，通常为 int32 或 int64
intp	用于索引的整数，相当于 C 语言的 size_t，通常为 int32 或 int64
int8	字节（−128~127）
int16	16 位整数（−32768~32767）
int32	32 位整数（−2147483648~2147483647）
int64	64 位整数（−9223372036854775808~9223372036854775807）
uint8	8 位无符号整数（0~255）
uint16	16 位无符号整数（0~65535）
uint32	32 位无符号整数（0~4294967295）
uint64	64 位无符号整数（0~18446744073709551615）
float_	_float64 的简写
float16	半精度浮点：1 个符号位，5 位指数，10 位尾数
float32	单精度浮点：1 个符号位，8 位指数，23 位尾数
float64	双精度浮点：1 个符号位，11 位指数，52 位尾数
complex_	complex128 类型的简写
complex64	复数，由两个 32 位浮点表示（实部和虚部）
complex128	复数，由两个 64 位浮点表示（实部和虚部）
datatime64	日期时间类型
timedelta64	两个时间之间的间隔

每一种数据类型都有相应的数据转换方法。举例如下：

```
np.int8(3.141)
np.float64(8)
np.float(True)
```

结果为：

```
3
8.0
1.0
```

4.2.3　创建数组

NumPy 提供了很多创建数组的方法，下面分别介绍。

1. 最常规的 array()方法

NumPy 创建简单的数组主要使用 array()方法，通过传递列表、元组来创建 NumPy 数组，其中的元素可以是任何对象，语法如下：

```
numpy.array(object, dtype, copy, order, subok, ndmin)
```

参数说明：

☑　object：任何具有数组接口方法的对象。

☑　dtype：数据类型。

☑　copy：可选参数，布尔型，默认值为 True，则 object 对象被复制；否则，只有当__array__返回副本，object 参数为嵌套序列，或者需要副本满足数据类型和顺序要求时，才会生成副本。

☑　order：元素在内存中的出现顺序，其值为 K、A、C、F。如果 object 参数不是数组，则新创建的数组将按行排列（C），如果值为 F，则按列排列；如果 object 参数是一个数组，则以下顺序成立：C（按行）、F（按列）、A（原顺序）、K（元素在内存中的出现顺序）。

说明

当 order 是' A '，object 是一个既不是' C '也不是' F ' order 的数组，并且由于 dtype 的更改而强制执行了一个副本时，那么结果的顺序不一定是' C '。这可能是一个 bug。

☑　subok：布尔型。如果值为 True，则传递子类，否则返回的数组将强制为基类数组（默认值）。

☑　ndmin：指定生成数组的最小维数。

下面通过一个实例演示如何创建一维数组和二维数组。

【实例 4.5】　创建一维和二维数组（实例位置：资源包\TM\sl\4\05）

分别创建一维数组和二维数组，效果如图 4.11 所示。

图 4.11　简单数组

具体代码如下：

```
import numpy as np                        #导入 numpy 模块
n1 = np.array([1,2,3])                     #创建一个简单的一维数组
n2 = np.array([0.1,0.2,0.3])              #创建一个包含小数的一维数组
n3 = np.array([[1,2],[3,4]])             #创建一个简单的二维数组
```

【实例 4.4】　创建浮点类型数组。（实例位置：资源包\TM\sl\4\04）

NumPy 支持比 Python 更多种类的数据类型，通过 dtype 参数可以指定数组的数据类型，具体代码如下：

```
import numpy as np                        # 导入 numpy 模块

list = [1, 2, 3]                          # 列表
# 创建浮点型数组
n1 = np.array(list, dtype=np.float_)
# 或者
n1 = np.array(list, dtype=float)
print(n1)
print(n1.dtype)
print(type(n1[0]))
```

运行结果如下：

```
 [1. 2. 3.]
float64
<class 'numpy.float64'>
```

【实例 4.5】　创建三维数组。（实例位置：资源包\TM\sl\4\05）

创建三维数组是将 ndmin 参数值设为 3 即可得到三维数组，具体代码如下：

```
import numpy as np
nd1 = [1, 2, 3]
nd2 = np.array(nd1, ndmin=3)             #三维数组
print(nd2)
```

运行结果如下：

```
[[[1 2 3]]]
```

由此结果可以看出一维数组被转换成了三维数组。

2. 创建指定维度和数据类型未初始化的数组

创建指定维度和数据类型未初始化的数组主要使用 empty()方法，数组元素因为未被初始化会自动取随机值。如果要改变数组类型，可以使用 dtype 参数，如将数组类型设为整型，dtype=int。

【实例 4.6】　创建 2 行 3 列的未初始化数组。（实例位置：资源包\TM\sl\4\06）

创建 2 行 3 列的未初始化数组，具体代码如下：

```python
import numpy as np
n = np.empty([2, 3])
print(n)
```

运行结果如下：

```
[[2.22519099e-307 2.33647355e-307 1.23077925e-312]
 [2.33645827e-307 2.67023123e-307 1.69117157e-306]]
```

3. 创建用 0 填充的数组

创建用 0 填充的数组需要使用 zeros()方法，该方法创建的数组元素均为 0。OpenCV 经常使用该方法创建纯黑图像。

【实例 4.7】　创建纯 0 数组。（实例位置：资源包\TM\sl\4\07）

创建 3 行、3 列、数字类型为无符号 8 位整数的纯 0 数组，具体代码如下：

```python
import numpy as np
n = np.zeros((3, 3), np.uint8)
print(n)
```

运行结果如下：

```
[[0 0 0]
 [0 0 0]
 [0 0 0]]
```

4. 创建用 1 填充的数组

创建用 1 填充的数组需要使用 ones()方法，该方法创建的数组元素均为 1。OpenCV 经常使用该方法创建纯掩模、卷积核等用于计算的二维数据。

【实例 4.8】　创建纯 1 数组。（实例位置：资源包\TM\sl\4\08）

创建 3 行、3 列、数字类型为无符号 8 位整数的纯 1 数组，具体代码如下：

```python
import numpy as np
n = np.ones((3, 3), np.uint8)
print(n)
```

运行结果如下：

```
[[1 1 1]
 [1 1 1]
 [1 1 1]]
```

5. 创建随机数组

randint()方法用于生成一定范围内的随机整数数组，左闭右开区间（[low,high)），语法如下：

```
numpy.random.randint(low,high,size)
```

参数说明：

- ☑ low：随机数最小取值范围。
- ☑ high：可选参数，随机数最大取值范围。若 high 为空，取值范围为（0，low）。若 high 不为空，则 high 必须大于 low。
- ☑ size：可选参数，数组维数。

【实例 4.9】 创建随机数组。（实例位置：资源包\TM\sl\4\09）

生成一定范围内的随机数组，具体代码如下：

```
import numpy as np
n1 = np.random.randint(1, 3, 10)
print('随机生成 10 个 1～3 且不包括 3 的整数：')
print(n1)
n2 = np.random.randint(5, 10)
print('size 数组大小为空随机返回一个整数：')
print(n2)
n3 = np.random.randint(5, size=(2, 5))
print('随机生成 5 以内二维数组：')
print(n3)
```

运行结果如下：

```
随机生成 10 个 1～3 且不包括 3 的整数：
[1 1 2 1 1 1 2 2 2 1]
size 数组大小为空随机返回一个整数：
7
随机生成 5 以内二维数组：
[[2 4 3 2 2]
 [1 2 2 4 1]]
```

4.2.4　操作数组

不用编写循环即可对数据执行批量运算，这就是 NumPy 数组运算的特点，NumPy 称为矢量化。大小相等的数组之间的任何算术运算都可以用 NumPy 实现。本节主要介绍如何复制数组和简单的数组运算。

1. 加法运算

例如，加法运算是数组中对应位置的元素相加（即每行对应相加），如图 4.12 所示。

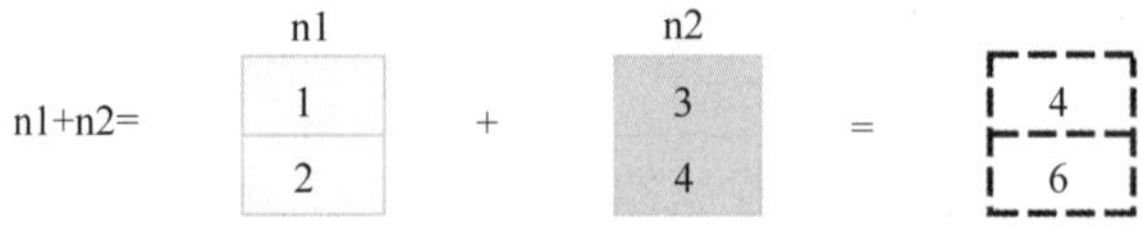

图 4.12　数组加法运算示意图

【实例 4.10】　对数组做加法运算。（实例位置：资源包\TM\sl\4\10）

使用 NumPy 创建 2 个数组，并让 2 个数据进行加法运算，具体代码如下：

```
import numpy as np
n1 = np.array([1, 2])          # 创建一维数组
n2 = np.array([3, 4])
print(n1 + n2)                 # 加法运算
```

运行结果如下：

```
[4 6]
```

2. 减法和乘除法运算

除了加法运算，还可以实现数组的减法、乘法和除法，如图 4.13 所示。

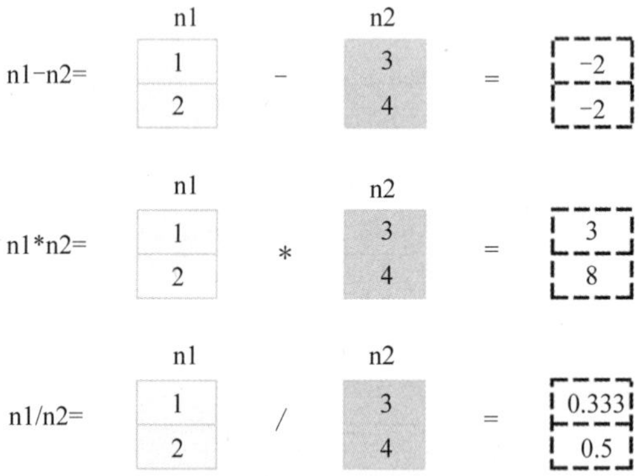

图 4.13　数组减法和乘除法运算示意图

【实例 4.11】　对数组做减法、乘法和除法运算。（实例位置：资源包\TM\sl\4\11）

使用 NumPy 创建 2 个数组，并让 2 个数组进行减法、乘法和除法运算，具体代码如下：

```
import numpy as np
n1 = np.array([1, 2])          # 创建一维数组
n2 = np.array([3, 4])
print(n1 - n2)                 # 减法运算
```

```
print(n1 * n2)                          # 乘法运算
print(n1 / n2)                          # 除法运算
```

运行结果如下：

```
[-2 -2]
[3 8]
[0.33333333 0.5        ]
```

3. 幂运算

幂是数组中对应位置元素的幂运算，使用"**"运算符进行运算，效果如图 4.14 所示。从图中得出：数组 n1 的元素 1 和数组 n2 的元素 3，通过幂运算得到的是 1 的 3 次幂；数组 n1 的元素 2 和数组 n2 的元素 4，通过幂运算得到的是 2 的 4 次幂。

图 4.14 数组幂运算示意图

【实例 4.12】 两个数组做幂运算。（实例位置：资源包\TM\sl\4\12）

使用 NumPy 创建 2 个数组，并让 2 个数组做幂运算，具体代码如下：

```
import numpy as np
n1 = np.array([1, 2])                   # 创建一维数组
n2 = np.array([3, 4])
print(n1 ** n2)                         # 幂运算
```

运行结果如下：

```
[ 1 16]
```

4. 比较运算

NumPy 创建的数组可以使用逻辑运算符进行比较运算，运算的结果是布尔值数组，数组中的布尔值为相比较的数组在相同位置元素的比较结果。

【实例 4.13】 使用逻辑运算符比较数组。（实例位置：资源包\TM\sl\4\13）

使用 NumPy 创建 2 个数组，分别使用">=""==""<="和"!="运算符比较 2 个数组，具体代码如下：

```
import numpy as np
n1 = np.array([1, 2])                   # 创建一维数组
n2 = np.array([3, 4])
print(n1 >= n2)                         # 大于等于
print(n1 == n2)                         # 等于
print(n1 <= n2)                         # 小于等于
print(n1 != n2)                         # 不等于
```

运行结果如下：

```
[False False]
[False False]
[ True   True]
[ True   True]
```

5. 复制数组

NumPy 提供的 array()方法可以使用如下语法复制数据：

```
n2 = np.array(n1, copy=True)
```

但开发过程中更常用的是 copy()方法，其语法如下：

```
n2 = n1.copy()
```

这两种方法都可以按照原数组的结构、类型、元素值创建出一个副本，修改副本中的元素不会影响到原数组。

【实例 4.14】 复制数据，比较复制的结果与原数组是否相同。（实例位置：资源包\TM\sl\4\14）

使用 copy()方法复制数组，比较 2 个数组是否相同。修改副本数组中的元素值后，再查看 2 个数组是否相同，具体代码如下：

```
import numpy as np
n1 = np.array([1, 2])            # 创建一维数组
n2 = n1.copy()                   # 创建复制第一个数组
print(n1 == n2)                  # 比较 2 个数组是否相同
n2[0] = 9                        # 副本数组修改第一个元素
print(n1)                        # 输出 2 个数组的元素值
print(n2)
print(n1 == n2)                  # 比较 2 个数组是否相同
```

运行结果如下：

```
[ True   True]
[1 2]
[9 2]
[False   True]
```

4.2.5 数组的索引和切片

NumPy 数组元素是通过数组的索引和切片来访问和修改的，因此索引和切片是 NumPy 中最重要、最常用的操作。

1. 索引

所谓数组的索引，即用于标记数组中对应元素的唯一数字，从 0 开始，即数组中的第一个元素的索引是 0，依次类推。NumPy 数组可以使用标准 Python 语法 x[obj]的语法对数组进行索引，其中 x 是数组，obj 是选择方式。

【实例4.15】　查找一维数组索引为 0 的元素。（实例位置：资源包\TM\sl\4\15）

查找数组 n1 索引为 0 的元素，具体代码如下：

```
import numpy as np
n1=np.array([1,2,3])                  #创建一维数组
print(n1[0])
```

运行结果如下：

```
1
```

2. 切片式索引

数组的切片可以理解为对数组的分割，按照等分或者不等分，将一个数组切割为多个片段，与 Python 中列表的切片操作一样。NumPy 中用冒号分隔切片参数来进行切片操作，语法如下：

```
[start:stop:step]
```

参数说明：
- ☑　start：起始索引，若不写任何值，则表示从 0 开始的全部索引。
- ☑　stop：终止索引，若不写任何值，则表示直到末尾的全部索引。
- ☑　step：步长。

例如，对数组 n1 进行一系列切片式索引操作的示意图如图 4.15 所示。

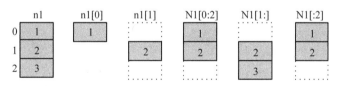

图 4.15　切片式索引示意图

【实例4.16】　获取数组中某范围内的元素。（实例位置：资源包\TM\sl\4\16）

按照图 4.15 所示的切片式索引操作获取数据中某范围的元素，具体代码如下：

```
import numpy as np
n1=np.array([1,2,3])                        #创建一维数组
print(n1[0])
print(n1[1])
print(n1[0:2])
print(n1[1:])
print(n1[:2])
```

运行结果如下：

```
1
2
[1 2]
[2 3]
[1 2]
```

切片式索引操作需要注意以下几点。

（1）索引是左闭右开区间，如上述代码中的 n1[0:2]，只能取到索引从 0～1 的元素，而取不到索引为 2 的元素。

（2）当没有 start 参数时，代表从索引 0 开始取数，如上述代码中的 n1[:2]。

（3）start、stop 和 step 3 个参数都可以是负数，代表反向索引。以 step 参数为例，如图 4.16 所示。

图 4.16　反向索引示意图

【实例 4.17】　使用不同的切片式索引操作获取数组中的元素。（实例位置：资源包\TM\sl\4\17）

分别演示 start、stop、step 3 种索引的切片场景，具体代码如下：

```
import numpy as np
n = np.array([0,1,2,3,4,5,6,7,8,9])
print(n)
print(n[:3])                    # 1 2
print(n[3:6])                   # 3 4 5
print(n[6:])                    # 6 7 8 9
print(n[::])                    # 0 1 2 3 4 5 6 7 8 9
print(n[:])                     # 1 2 3 4 5 6 7 8 9
print(n[::2])                   # 0 2 4 6 8
print(n[1::5])                  # 1 6
print(n[2::6])                  # 2 8
#start、stop、step 为负数时
print(n[::-1])                  # 9 8 7 6 5 4 3 2 1 0
print(n[-3:-1])                 # 9 8
print(n[-3:-5:-1])              # 7 6
print(n[-5::-1])                # 5 4 3 2 1 0
```

运行结果如下：

```
[0 1 2 3 4 5 6 7 8 9]
[0 1 2]
[3 4 5]
[6 7 8 9]
[0 1 2 3 1 5 6 7 8 0]
[0 1 2 3 4 5 6 7 8 9]
[0 2 4 6 8]
[1 6]
[2 8]
[9 8 7 6 5 4 3 2 1 0]
[9 8]
[7 6]
[5 4 3 2 1 0]
```

3. 二维数组索引

二维数组索引可以使用 array[n,m]的方式，以逗号分隔，表示第 *n* 个数组的第 *m* 个元素。

例如，创建一个 3 行 4 列二维数组，实现简单的索引操作，效果如图 4.17 所示。

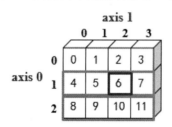

图 4.17　二维数组索引示意图

【实例 4.18】　用 3 种方式获取二维数组中的元素。（实例位置：资源包\TM\sl\4\18）

分别获取二维数组中索引为 1 的元素、第 2 行第 3 列的元素、索引为-1 的元素，具体代码如下：

```
import numpy as np
#创建 3 行 4 列的二维数组
n=np.array([[0,1,2,3],[4,5,6,7],[8,9,10,11]])
print(n[1])
print(n[1,2])
print(n[-1])
```

运行结果如下：

```
[4 5 6 7]
6
[ 8  9 10 11]
```

上述代码中，n[1]表示第 2 个数组，n[1,2]表示第 2 个数组第 3 个元素，它等同于 n[1][2]，表示数组 n 中第 2 行第 3 列的值，即 n[1][2]先索引第一个维度得到一个数组，然后在此基础上再索引。

4. 二维数组切片式索引

二维数组也支持切片式索引操作，如图 4.18 所示就是获取二维数组中某一块区域的索引。

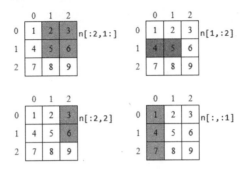

图 4.18 二维数组切片式索引示意图

【实例 4.19】 对二维数组进行切片式索引操作。（实例位置：资源包\TM\sl\4\19）

参照图 4.18 创建二维数组，对该数组进行切片式索引操作，具体代码如下：

```python
import numpy as np
# 创建 3 行 3 列的二维数组
n = np.array([[1, 2, 3], [4, 5, 6], [7, 8, 9]])
print(n[:2, 1:])
print(n[1, :2])
print(n[:2, 2])
print(n[:, :1])
```

运行结果如下：

```
[[2 3]
 [5 6]]
[4 5]
[3 6]
[[1]
 [4]
 [7]]
```

> **注意**
> 数组索引、像素行列和像素坐标的关系如下。
> 数组行索引 = 像素所在行数 −1 = 像素纵坐标。
> 数组列索引 = 像素所在列数 −1 = 像素横坐标。

4.2.0 创建图像

在 OpenCV 中，黑白图像实际上就是一个二维数组，彩色图像是一个三维数组。数组中每个元素就是图像对应位置的像素值。因此修改图像像素的操作实际上就是修改数组的操作。本节将介绍几个在 OpenCV 中常用的操作。

1. 创建黑白图像

在黑白图像中,像素值为 0 表示纯黑,像素值为 255 表示纯白。

【实例 4.20】 创建纯黑图像。(实例位置:资源包\TM\sl\4\20)

创建一个 100 行、200 列(即宽 200、高 100)的数组,数组元素格式为无符号 8 位整数,用 0 填充整个数组,将该数组当作图像显示出来,具体代码如下:

```
import cv2
import numpy as np

width = 200                    # 图像的宽
height = 100                   # 图像的高
# 创建指定宽高、单通道、像素值都为 0 的图像
img = np.zeros((height, width), np.uint8)
cv2.imshow("img", img)         # 展示图像
cv2.waitKey()                  # 按下任何键盘按键后
cv2.destroyAllWindows()        # 释放所有窗体
```

运行结果如图 4.19 所示。

图 4.19 宽 200、高 100 的纯黑图像

创建纯白图像有两种方式:第一种是先纯黑图像,然后将图像中所有的像素值改为 255;第二种使用 NumPy 提供的 ones()方法创建一个像素值均为 1 的数组,然后让数组乘以 255。

【实例 4.21】 创建纯白图像。(实例位置:资源包\TM\sl\4\21)

创建一个 100 行、200 列(即宽 200、高 100)的数组,数组元素格式为无符号 8 位整数,用 1 填充整个数组,然后让数组乘以 255,最后将该数组当作图像显示出来,具体代码如下:

```
import cv2
import numpy as np

width = 200                    # 图像的宽
height = 100                   # 图像的高
# 创建指定宽高、单通道、像素值都为 1 的图像
img = np.ones((height, width), np.uint8) * 255
cv2.imshow("img", img)         # 展示图像
```

```
cv2.waitKey()                        # 按下任何键盘按键后
cv2.destroyAllWindows()              # 释放所有窗体
```

运行结果如图 4.20 所示。

图 4.20　宽 200、高 100 的纯白图像

通过切片式索引操作可以修改图像中指定区域内的像素，从而达到修改图像内容的效果，下面通过实例来展示。

【实例 4.22】　在黑图像内部绘制白色矩形。（实例位置：资源包\TM\sl\4\22）

先绘制纯黑图像作为背景，然后使用切片式索引操作将图像中横坐标为 50~100、纵坐标为 25~75 的矩形区域颜色改为纯白色，具体代码如下：

```
import cv2
import numpy as np

width = 200                   # 图像的宽
height = 100                  # 图像的高
# 创建指定宽高、单通道、像素值都为 0 的图像
img = np.zeros((height, width), np.uint8)
# 将图像纵坐标为 25~75、横坐标为 50~100 的区域修改为白色
img[25:75, 50:100] = 255
cv2.imshow("img", img)        # 展示图像
cv2.waitKey()                 # 按下任何键盘按键后
cv2.destroyAllWindows()       # 释放所有窗体
```

运行结果如图 4.21 所示。

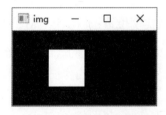

图 4.21　在黑色图像内部绘制白色矩形

若将切片式索引操作引入循环内，则可以绘制带有规律的几何图像，下面通过实例来展示。

【实例 4.23】　创建黑白相间的图像。（实例位置：资源包\TM\sl\4\23）

先绘制纯黑图像作为背景，然后在循环中使用切片式索引操作绘制黑白间隔图像，具体代码如下：

```
import cv2
import numpy as np

width = 200                        # 图像的宽
height = 100                       # 图像的高
# 创建指定宽高、单通道、像素值都为 0 的图像
img = np.zeros((height, width), np.uint8)
for i in range(0, width, 40):
    img[:, i:i + 20] = 255        # 白色区域的宽度为 20 像素
cv2.imshow("img", img)            # 展示图像
cv2.waitKey()                     # 按下任何键盘按键后
cv2.destroyAllWindows()           # 释放所有窗体
```

运行结果如图 4.22 所示。

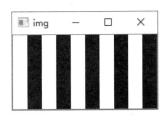

图 4.22　黑白相间的图像

2. 创建彩色图像

以上实例演示的都是用二维数组表示的黑白图像，而当显示生活中丰富多彩的颜色需要引入光谱三基色的概念时，无法用二维数组表示，而要用到三维数组。OpenCV 中彩色图像默认为 BGR 格式，彩色图像的第三个索引表示的就是蓝、绿、红 3 种颜色的分量。

【实例 4.24】　创建彩色图像。（实例位置：资源包\TM\sl\4\24）

创建彩色图像数组时要将数组创建成三维数组，元素类型仍然为无符号 8 位整数。创建好表示纯黑图像的三维数组后，复制出 3 个副本，3 个副本分别修改最后一个索引代表的元素值。根据 BGR 的顺序，索引 0 表示蓝色分量，索引 1 表示绿色分量，索引 2 表示红色分量，让 3 个副本分别显示纯蓝、纯绿和纯红，具体代码如下：

```
import cv2
import numpy as np

width = 200                        # 图像的宽
height = 100                       # 图像的高
# 创建指定宽高、3 通道、像素值都为 0 的图像
img = np.zeros((height, width, 3), np.uint8)
blue = img.copy()                  # 复制图像
blue[:, :, 0] = 255                # 1 通道所有像素都为 255
green = img.copy()
green[:, :, 1] = 255               # 2 通道所有像素都为 255
red = img.copy()
red[:, :, 2] = 255                 # 3 通道所有像素都为 255
```

```
cv2.imshow("blue", blue)                    # 展示图像
cv2.imshow("green", green)
cv2.imshow("red", red)
cv2.waitKey()                               # 按下任何键盘按键后
cv2.destroyAllWindows()                     # 释放所有窗体
```

运行结果如图 4.23～图 4.25 所示。

图 4.23　纯蓝图像

图 4.24　纯绿图像

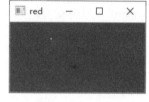

图 4.25　纯红图像

3．创建随机图像

随机图像是指图像中每一个像素值都是随机生成的，因为像素之间不会组成有效的视觉信息，所以这样的图像看上去就像杂乱无章的沙子。虽然随机图像没有任何视觉信息，但对于图像处理技术仍然很重要，毫无规律的像素数组被称为干扰图像的噪声，可以当作图像加密的密钥。

下面介绍如何利用 NumPy 创建随机图像。

【实例 4.25】　创建随机像素的雪花点图像。（实例位置：资源包\TM\sl\4\25）

使用 NumPy 提供的 random.randint()方法就可以创建随机数组，将随机值的取值范围设定在 0～256（即像素值范围），元素类型设定为无符号 8 位整数，具体代码如下：

```
import cv2
import numpy as np

width = 200                      # 图像的宽
height = 100                     # 图像的高
# 创建指定宽高、单通道、随机像素值的图像，随机值在 0~256，数字为无符号 8 位整数
img = np.random.randint(256, size=(height, width), dtype=np.uint8)
cv2.imshow("img", img)           # 展示图像
cv2.waitKey()                    # 按下任何键盘按键后
cv2.destroyAllWindows()          # 释放所有窗体
```

运行结果如图 4.26 所示。

这个实例演示的是随机的黑白图像，random.randint()方法在指定数组行列后默认创建的是二维数组，如果创建的是三维数组，就可以获得随机彩色图像。创建三维随机数组仅需修改 size 参数中的维度参数，修改后的代码如下：

```
img = np.random.randint(256, size=(height, width, 3), dtype=np.uint8)
```

再次运行后随机彩色图像效果如图 4.27 所示。

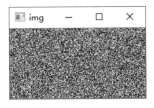

图 4.26　随机黑白图像

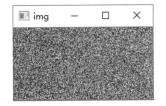

图 4.27　随机彩色图像

4.2.7　拼接图像

NumPy 提供了两种拼接数组的方法，分别是 hstack()方法和 vstack()方法。这两种拼接方法同样可用于拼接图像，下面分别介绍。

1. 水平拼接数组

hstack()方法可以对数组进行水平拼接（或叫横向拼接），其语法如下：

```
array = numpy.hstack(tup)
```

参数说明：

☑　tup：要拼接的数组元组。

返回值说明：

☑　array：将参数元组中的数组水平拼接后生成的新数组。

hstack()方法可以拼接多个数组，拼接效果如图 4.28 所示。被拼接的数组必须在每一个维度都具有相同的长度，也就是数组"形状相同"，例如 2 行 2 列的数组只能拼接 2 行 2 列的数组，否则会出现错误。

图 4.28　水平拼接 2 个数组

例如，创建 3 个一维数组，将这 3 个数组进行水平拼接，代码如下：

```
import numpy as np
a = np.array([1, 2, 3])
b = np.array([4, 5, 6])
c = np.array([7, 8, 9])
result = np.hstack((a, b, c))
print(result)
```

运行结果如下：

```
[1 2 3 4 5 6 7 8 9]
```

从这个结果可以看出，一维数组进行水平拼接之后，会生成一个较长的、包含所有元素的新一维数组。

2. 垂直拼接数组

vstack()方法可以对数组进行垂直拼接（或叫纵向拼接），其语法如下：

```
array = numpy.vstack(tup)
```

参数说明：

☑ tup：要拼接的数组元组。

返回值说明：

☑ array：将参数元组中的数组垂直拼接后生成的新数组。

vstack()方法可以拼接多个数组，拼接效果如图 4.29 所示。被拼接的数组的格式要求与 hstack()方法相同。

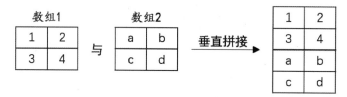

图 4.29　垂直拼接 2 个数组

例如，创建 3 个一维数组，将这 3 个数组进行垂直拼接，代码如下：

```
import numpy as np
a = np.array([1, 2, 3])
b = np.array([4, 5, 6])
c = np.array([7, 8, 9])
result = np.vstack((a, b, c))
print(result)
```

运行结果如下：

```
[[1 2 3]
 [4 5 6]
 [7 8 9]]
```

从这个结果可以看出，一维数组进行垂直拼接后，生成一个三维数组，每一个被拼接的一维数组都形成三维数组中的一行。

3. 在图像处理中的应用

在 OpenCV 中，图像就是一个二维或三维的像素数组，这些数组同样可以被 NumPy 拼接，下面通过一个实例展示图像拼接的效果。

【实例 4.26】　按照水平和垂直 2 种方式拼接 2 幅图像。（实例位置：资源包\TM\sl\4\26）

读取一幅图像，让该图像拼接自身图像，分别用水平和垂直 2 种方式拼接，具体代码如下：

```
import cv2
import numpy as np

img = cv2.imread("stone.jpg")                # 读取原始图像

img_h = np.hstack((img, img))                # 水平拼接 2 幅图像
img_v = np.vstack((img, img))                # 垂直拼接 2 幅图像

cv2.imshow("img_h", img_h)                   # 展示拼接之后的效果
cv2.imshow("img_v", img_v)
cv2.waitKey()                                # 按下任何键盘按键后
cv2.destroyAllWindows()                      # 释放所有窗体
```

运行效果如图 4.30 和图 4.31 所示。

图 4.30　水平拼接的效果　　　　　　　　图 4.31　垂直拼接的效果

4.3　小　　结

本章详细讲解了像素和使用 NumPy 模块操作像素两个方面的内容。读者要注意掌握以下几个内容：一是在表示图像某一个像素的坐标的时候，正确的表示方式是（垂直像素，水平像素）；二是在 OpenCV 中，彩色图像的通道顺序是 B→G→R；三是重点掌握且灵活运用 NumPy 模块实现图像的创建和图像的拼接。

第 5 章

色彩空间与通道

色彩是人类的眼睛对于不同频率的光线的不同感受，不同频率的光线既是客观存在的又是人类主观感知的。为了表示这些不同频率的光线的色彩，人类建立了多种色彩模型，把这些色彩模型称作色彩空间。OpenCV 中的 BGR 色彩空间有 3 个通道，即表示蓝色的 B 通道、表示绿色的 G 通道和表示红色的 R 通道。本章将具体讲解色彩空间和通道，以及二者之间的紧密联系。

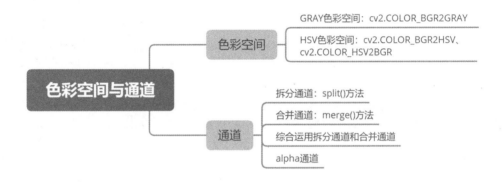

5.1 色 彩 空 间

虽然 Photoshop 把一幅彩色图像的色彩空间默认为 RGB 色彩空间，但是 OpenCV 把一幅彩色图像的色彩空间默认为 BGR 色彩空间，这是因为 OpenCV 拆分一幅彩色图像的通道后，默认的通道顺序是 B→G→R。熟悉了 BGR 色彩空间后，本节将结合如图 5.1 所示的图像（本书彩色图像见资源包），介绍另外两个比较常见的色彩空间：GRAY 色彩空间和 HSV 色彩空间。

5.1.1 GRAY 色彩空间

1. 什么是 GRAY 色彩空间

GRAY 色彩空间通常指的是灰度图像，灰度图像是一种每个像素都是从

图 5.1 一幅彩色图像

黑到白，被处理为 256 个灰度级别的单色图像。这 256 个灰度级别分别用区间[0, 255]中的数值表示。其中，"0"表示纯黑色，"255"表示纯白色，0~255 的数值表示不同亮度（即色彩的深浅程度）的深灰色或者浅灰色。因此，一幅灰度图像也能够展现丰富的细节信息，如图 5.2 所示。

图 5.2　一幅灰度图像

2. 从 BGR 色彩空间转换到 GRAY 色彩空间

读者朋友很容易就会发现，图 5.1 和图 5.2 是同一幅图像。只不过，图 5.1 是彩色图像，而图 5.2 是灰度图像。OpenCV 能够将同一幅图像从一个色彩空间转换到另一个色彩空间。例如，图 5.1 从 BGR 色彩空间转换到图 5.2 所示的 GRAY 色彩空间。

那么，OpenCV 是如何实现从 BGR 色彩空间转换到 GRAY 色彩空间的呢？答案就是 OpenCV 中用于转换图像色彩空间的 cvtColor()方法，其语法格式如下：

```
dst = cv2.cvtColor(src, code)
```

参数说明：
- ☑ dst：转换后的图像。
- ☑ src：转换前的初始图像。
- ☑ code：色彩空间转换码。

说明

当图像从 BGR 色彩空间转换到 GRAY 色彩空间时，常用的色彩空间转换码是 cv2.COLOR_BGR2GRAY。

【实例 5.1】　从 BGR 色彩空间转换到 GRAY 色彩空间。（实例位置：资源包\TM\sl\5\01）

编写一个程序，将图 5.1 从 BGR 色彩空间转换到 GRAY 色彩空间，代码如下：

```
import cv2

image = cv2.imread("D:/5.1.jpg")
cv2.imshow("5.1", image)                        # 显示图 5.1
# 将图 5.1 从 BGR 色彩空间转换到 GRAY 色彩空间
gray_image = cv2.cvtColor(image, cv2.COLOR_BGR2GRAY)
cv2.imshow("GRAY", gray_image)                  # 显示灰度图像
cv2.waitKey()
cv2.destroyAllWindows()
```

上述代码的运行结果如图 5.3 所示。

图 5.3　图 5.1 从 BGR 色彩空间转换到 GRAY 色彩空间

> **说明**
>
> 虽然色彩空间类型转换是双向的，而且 OpenCV 也提供了 cv2.COLOR_GRAY2BGR（从 GRAY 色彩空间转换到 BGR 色彩空间）和 cv2.COLOR_ BGR2GRAY（从 BGR 色彩空间转换到 GRAY 色彩空间）2 个色彩空间转换码，但是灰度图像是无法转换成彩色图像的。这是因为在彩色图像转换成灰度图像的过程中，丢失了颜色比例（即红色、绿色和蓝色之间的混合比例）。这些比例一旦丢失，就再也找不回来了。

5.1.2　HSV 色彩空间

1. 什么是 HSV 色彩空间

BGR 色彩空间是基于三基色而言的，三基色指的是红色、绿色和蓝色。而 HSV 色彩空间则是基于色调、饱和度和亮度而言的。

其中，色调（H）是指光的颜色，例如，彩虹中的赤、橙、黄、绿、青、蓝、紫分别表示不同的色调，如图 5.4 所示。在 OpenCV 中，色调在区间[0, 180]内取值。例如，代表红色、黄色、绿色和蓝色的色调值分别为 0、30、60 和 120。

饱和度（S）是指色彩的深浅。在 OpenCV 中，饱和度在区间[0, 255]内取值。当饱和度为 0 时，图像将变为灰度图像。例如，图 5.1 是用手机拍摄的原图像，图 5.5 是把图 5.1 的饱和度调为 0 时的效果。

图 5.4　彩虹中的色调

图 5.5　图 5.1 的饱和度调为 0 时的效果

如图 5.6 所示，亮度（V）是指光的明暗。与饱和度相同，在 OpenCV 中，亮度在区间[0, 255]内取值。亮度值越大，图像越亮；当亮度值为 0 时，图像呈纯黑色。

图 5.6　光的明暗

2. 从 BGR 色彩空间转换到 HSV 色彩空间

OpenCV 提供的 cvtColor()方法不仅能将图像从 BGR 色彩空间转换到 GRAY 色彩空间，还能将图像从 BGR 色彩空间转换到 HSV 色彩空间。当图像在 BGR 色彩空间和 HSV 色彩空间之间转换时，常用的色彩空间转换码是 cv2.COLOR_BGR2HSV 和 cv2.COLOR_HSV2BGR。

【实例 5.2】　从 BGR 色彩空间转换到 HSV 色彩空间。（实例位置：资源包\TM\sl\5\02）

编写一个程序，将图 5.1 从 BGR 色彩空间转换到 HSV 色彩空间，代码如下：

```python
import cv2

image = cv2.imread("D:/5.1.jpg")
cv2.imshow("5.1", image)                  # 显示图 5.1
# 将图 5.1 从 BGR 色彩空间转换到 HSV 色彩空间
hsv_image = cv2.cvtColor(image, cv2.COLOR_BGR2HSV)
cv2.imshow("HSV", hsv_image)              # 用 HSV 色彩空间显示的图像
cv2.waitKey()
cv2.destroyAllWindows()
```

上述代码的运行结果如图 5.7 所示。

图 5.7　把图 5.1 从 BGR 色彩空间转换到 HSV 色彩空间

5.2　通　　道

在 BGR 色彩空间中，图像的通道由 B 通道、G 通道和 R 通道构成。本节将介绍如何使用 OpenCV 提供的方法拆分和合并通道。

5.2.1 拆分通道

为了拆分图像中的通道，OpenCV 提供了 split()方法。

1. 拆分一幅 BGR 图像中的通道

当使用 split()方法拆分一幅 BGR 图像中的通道时，split()方法的语法如下：

```
b, g, r = cv2.split(bgr_image)
```

参数说明：
- ☑ b：B 通道图像。
- ☑ g：G 通道图像。
- ☑ r：R 通道图像。
- ☑ bgr_image：一幅 BGR 图像。

【实例 5.3】 拆分一幅 BGR 图像中的通道。（实例位置：资源包\TM\sl\5\03）

编写一个程序，先拆分图 5.1 中的通道，再显示拆分后的通道图像，代码如下：

```
import cv2

bgr_image = cv2.imread("D:/5.1.jpg")
cv2.imshow("5.1", bgr_image)          # 显示图 5.1
b, g, r = cv2.split(bgr_image)        # 拆分图 5.1 中的通道
cv2.imshow("B", b)                    # 显示图 5.1 中的 B 通道图像
cv2.imshow("G", g)                    # 显示图 5.1 中的 G 通道图像
cv2.imshow("R", r)                    # 显示图 5.1 中的 R 通道图像
cv2.waitKey()
cv2.destroyAllWindows()
```

运行上述代码后，得到如图 5.8 所示的 4 个窗口。其中，图 5.8（a）是原图像（见图 5.1），图 5.8（b）是图 5.1 中的 B 通道图像，图 5.8（c）是图 5.1 中的 G 通道图像，图 5.8（d）是图 5.1 中的 R 通道图像。

（a）原图像　　　（b）B 通道图像　　　（c）G 通道图像　　　（d）R 通道图像

图 5.8　拆分 BGR 图像中通道的效果

R 通道是红色通道，G 通道是绿色通道，B 通道是蓝色通道。但是图 5.9 中的 B 通道图像、G 通道图像和 R 通道图像是 3 幅不同亮度的灰度图像，这是为什么呢？

原因是当程序执行到 cv2.imshow("B", b)时，原图像 B、G、R 这 3 个通道的值都会被修改为 B 通道图像的值，即(b, b, b)。同理，当程序执行到 cv2.imshow("G", g)和 cv2.imshow("R", r)时，原图像 R、G、B 这 3 个通道的值将依次被修改为 G 通道图像的值(g, g, g)和 R 通道图像的值(r, r, r)。对于 BGR 图像，只要 B、G、R 这 3 个通道的值都相同，就可以得到灰度图像。

2. 拆分一幅 HSV 图像中的通道

当使用 split()方法拆分一幅 HSV 图像中的通道时，split()方法的语法如下：

```
h, s, v = cv2.split(hsv_image)
```

参数说明：
- ☑　h：H 通道图像。
- ☑　s：S 通道图像。
- ☑　v：V 通道图像。
- ☑　hsv_image：一幅 HSV 图像。

【实例 5.4】　拆分一幅 HSV 图像中的通道。（实例位置：资源包\TM\sl\5\04）

编写一个程序，首先将图 5.1 从 BGR 色彩空间转换到 HSV 色彩空间，然后拆分得到的 HSV 图像中的通道，最后显示拆分后的通道图像，代码如下：

```
import cv2

bgr_image = cv2.imread("D:/5.1.jpg")
cv2.imshow("5.1", bgr_image)                        # 显示图 5.1
# 把图 5.1 从 BGR 色彩空间转换到 HSV 色彩空间
hsv_image = cv2.cvtColor(bgr_image, cv2.COLOR_BGR2HSV)
h, s, v = cv2.split(hsv_image)                      # 拆分 HSV 图像中的通道
cv2.imshow("H", h)                                  # 显示 HSV 图像中的 H 通道图像
cv2.imshow("S", s)                                  # 显示 HSV 图像中的 S 通道图像
cv2.imshow("V", v)                                  # 显示 HSV 图像中的 V 通道图像
cv2.waitKey()
cv2.destroyAllWindows()
```

运行上述代码后，得到如图 5.9 所示的 4 个窗口。其中，图 5.9（a）是原图像（见图 5.1），图 5.9（b）是图 5.1 中的 H 通道图像，图 5.9（c）是图 5.1 中的 S 通道图像，图 5.9（d）是图 5.1 中的 V 通道图像。

5.2.2　合并通道

合并通道是拆分通道的逆过程。以图 5.1 为例，虽然拆分通道后，会得到 3 幅不同亮度的灰度图像；但是将这 3 幅不同亮度的灰度图像合并后，又重新得到图 5.1。下面将使用 OpenCV 中用于合并通道的

merge()方法，验证一下上述说法。

 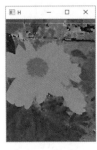  

（a）原图像　　　　（b）H 通道图像　　　（c）S 通道图像　　　（d）V 通道图像

图 5.9　拆分 HSV 图像中通道的效果

1. 合并 B 通道图像、G 通道图像和 R 通道图像

当使用 merge()方法按 B→G→R 的顺序合并通道时，merge()方法的语法如下：

```
bgr = cv2.merge([b, g, r])
```

参数说明：

- ☑　bgr：按 B→G→R 的顺序合并通道后得到的图像。
- ☑　b：B 通道图像。
- ☑　g：G 通道图像。
- ☑　r：R 通道图像。

【实例 5.5】　合并 B 通道图像、G 通道图像和 R 通道图像。（实例位置：资源包\TM\sl\5\05）

编写一个程序，按 B→G→R 的顺序对图 5.1 执行先拆分通道，再合并通道，代码如下：

```
import cv2

bgr_image = cv2.imread("D:/5.1.jpg")
b, g, r = cv2.split(bgr_image)          # 拆分图 5.1 中的通道
bgr = cv2.merge([b, g, r])              # 按 B→G→R 的顺序合并通道
cv2.imshow("BGR", bgr)
cv2.waitKey()
cv2.destroyAllWindows()
```

上述代码的运行结果如图 5.10 所示。

2. 合并 H 通道图像、S 通道图像和 V 通道图像

当使用 merge()方法合并 H 通道图像、S 通道图像和 V
通道图像时，merge()方法的语法如下：

```
hsv = cv2.merge([h, s, v])
```

图 5.10　按 B→G→R 的顺序合并通道后的图像

参数说明：

☑　hsv：合并 H 通道图像、S 通道图像和 V 通道图像后得到的图像。

☑　h：H 通道图像。

☑　s：S 通道图像。

☑　v：V 通道图像。

【实例 5.6】　合并 H 通道图像、S 通道图像和 V 通道图像。（实例位置：资源包\TM\sl\5\06）

编写一个程序，首先将图 5.1 从 BGR 色彩空间转换到 HSV 色彩空间，然后拆分得到的 HSV 图像中的通道，接着合并拆分后的通道图像，最后将合并通道后的图像从 HSV 色彩空间转换到 BGR 色彩空间，代码如下：

```python
import cv2

bgr_image = cv2.imread("D:/5.1.jpg")
# 把图 5.1 从 BGR 色彩空间转换到 HSV 色彩空间
hsv_image = cv2.cvtColor(bgr_image, cv2.COLOR_BGR2HSV)
h, s, v = cv2.split(hsv_image)                    # 拆分 HSV 图像中的通道
hsv = cv2.merge([h, s, v])                        # 合并拆分后的通道图像
# 合并通道后的图像从 HSV 色彩空间转换到 BGR 色彩空间
bgr = cv2.cvtColor(hsv, cv2.COLOR_HSV2BGR)
cv2.imshow("BGR", bgr)                            # 显示 BGR 图像
cv2.waitKey()
cv2.destroyAllWindows()
```

上述代码的运行结果如图 5.11 所示。

图 5.11　合并 H 通道、S 通道和 V 通道图像后的图像

说明

　　实例 5.5 和实例 5.6 分别对 BGR 色彩空间和 HSV 色彩空间的图 5.1 执行先拆分通道，再合并通道的操作，执行操作后的结果图像均与图 5.1 保持一致，印证了"以图 5.1 为例，虽然拆分通道后，得到 3 幅不同亮度的灰度图像，但是将这 3 幅不同亮度的灰度图像合并后，又重新得到图 5.1"这一说法的正确性。

5.2.3　综合运用拆分通道和合并通道

在 HSV 色彩空间内，如果保持其中两个通道的值不变，调整第 3 个通道的值，会得到相应的艺术效果。

【实例 5.7】　只把 H 通道的值调整为 180。（实例位置：资源包\TM\sl\5\07）

编写一个程序，首先将图 5.1 从 BGR 色彩空间转换到 HSV 色彩空间；然后拆分 HSV 图像中的通道；接着让 S 通道和 V 通道的值保持不变，把 H 通道的值调整为 180；再接着合并拆分后的通道图像，把这个图像从 HSV 色彩空间转换到 BGR 色彩空间；最后显示得到的 BGR 图像。代码如下：

```
import cv2

bgr_image = cv2.imread("D:/5.1.jpg")
cv2.imshow("5.1", bgr_image)
# 把图 5.1 从 BGR 色彩空间转换到 HSV 色彩空间
hsv_image = cv2.cvtColor(bgr_image, cv2.COLOR_BGR2HSV)
h, s, v = cv2.split(hsv_image)          # 拆分 HSV 图像中的通道
h[:, :] = 180                           # 将 H 通道的值调整为 180
hsv = cv2.merge([h, s, v])              # 合并拆分后的通道图像
# 合并通道后的图像从 HSV 色彩空间转换到 BGR 色彩空间
new_Image = cv2.cvtColor(hsv, cv2.COLOR_HSV2BGR)
cv2.imshow("NEW",new_Image)
cv2.waitKey()
cv2.destroyAllWindows()
```

上述代码的运行结果如图 5.12 所示。

图 5.12　原图像把 H 通道的值调整为 180 的效果

如果让 H 通道和 S 通道的值保持不变，把 V 通道的值调整为 255，会得到什么样的效果呢？把实例 5.7 第 8 行代码：

```
h[:, :] = 180 # 将 H 通道的值调整为 180
```

修改为如下代码：

```
v[:, :] = 255 # 将 V 通道的值调整为 255
```

上述代码的运行结果如图 5.13 所示。

图 5.13　原图像把 V 通道的值调整为 255 的效果

如果让 H 通道和 V 通道的值保持不变，把 S 通道的值调整为 255，又会得到什么样的效果呢？把实例 5.7 第 8 行代码：

```
h[:, :] = 180 # 将 H 通道的值调整为 180
```

修改为如下代码：

```
s[:, :] = 255 # 将 S 通道的值调整为 255
```

上述代码的运行结果如图 5.14 所示。

图 5.14　原图像把 S 通道的值调整为 255 的效果

5.2.4　alpha 通道

BGR 色彩空间包含了 3 个通道，即 B 通道、G 通道和 R 通道。OpenCV 在 BGR 色彩空间的基础上，又增加了一个用于设置图像透明度的 A 通道，即 alpha 通道。这样，形成一个由 B 通道、G 通道、

R 通道和 A 通道 4 个通道构成的色彩空间，即 BGRA 色彩空间。在 BGRA 色彩空间中，alpha 通道在区间[0, 255]内取值；其中，0 表示透明，255 表示不透明。

【实例 5.8】 调整 A 通道的值。（实例位置：资源包\TM\sl\5\08）

编写一个程序，首先将图 5.1 从 BGR 色彩空间转换到 BGRA 色彩空间；然后拆分 BGRA 图像中的通道；接着把 BGRA 图像的透明度调整为 172 后，合并拆分后的通道图像；再接着把 BGRA 图像的透明度调整为 0 后，合并拆分后的通道图像；最后分别显示 BGRA 图像、透明度为 172 的 BGRA 图像和透明度为 0 的 BGRA 图像，代码如下：

```python
import cv2

bgr_image = cv2.imread("D:/5.1.jpg")
# 把图 5.1 从 BGR 色彩空间转换到 BGRA 色彩空间
bgra_image = cv2.cvtColor(bgr_image, cv2.COLOR_BGR2BGRA)
cv2.imshow("BGRA", bgr_image)                    # 显示 BGRA 图像
b, g, r, a = cv2.split(bgra_image)               # 拆分 BGRA 图像中的通道
a[:, :] = 172                                     # 将 BGRA 图像的透明度调整为 172（半透明）
bgra_172 = cv2.merge([b, g, r, a])               # 合并拆分后并将透明度调整为 172 的通道图像
a[:, :] = 0                                       # 将 BGRA 图像的透明度调整为 0（透明）
bgra_0 = cv2.merge([b, g, r, a])                 # 合并拆分后并将透明度调整为 0 的通道图像
cv2.imshow("A = 172", bgra_172)                  # 显示透明度为 172 的 BGRA 图像
cv2.imshow("A = 0", bgra_0)                       # 显示透明度为 0 的 BGRA 图像
cv2.waitKey()
cv2.destroyAllWindows()
```

运行上述代码后，得到如图 5.15 所示的 3 个窗口。其中，图 5.15（a）是 BGRA 图像（见图 5.1），图 5.15（b）是把 BGRA 图像的透明度调整为 172 后的图像，图 5.15（c）是把 BGRA 图像的透明度调整为 0 后的图像。

（a）BGRA 图像　　　　（b）透明度调整为 172　　　　（c）透明度调整为 0

图 5.15　调整 A 通道的值后的效果

虽然在代码中已经调整了 BGRA 图像中 A 通道的值，但是显示图像的效果是一样的。为了显示 3 幅图像的不同效果，需要使用 imwrite()方法将 3 幅图像保存在 D 盘根目录下，代码如下：

```
import cv2

bgr_image = cv2.imread("D:/5.1.jpg")
# 把图 5.1 从 BGR 色彩空间转换到 BGRA 色彩空间
bgra_image = cv2.cvtColor(bgr_image, cv2.COLOR_BGR2BGRA)
b, g, r, a = cv2.split(bgra_image)                  # 拆分 BGRA 图像中的通道
a[:, :] = 172                                        # 将 BGRA 图像的透明度调整为 172（半透明）
bgra_172 = cv2.merge([b, g, r, a])                  # 合并拆分后并将透明度调整为 172 的通道图像
a[:, :] = 0                                          # 将 BGRA 图像的透明度调整为 0（透明）
bgra_0 = cv2.merge([b, g, r, a])                    # 合并拆分后并将透明度调整为 0 的通道图像
cv2.imwrite("D:/bgra_image.png", bgra_image)        # 在 D 盘根目录下，保存 BGRA 图像
cv2.imwrite("D:/bgra_172.png", bgra_172)            # 在 D 盘根目录下，保存透明度为 172 的 BGRA 图像
cv2.imwrite("D:/bgra_0.png", bgra_0)                # 在 D 盘根目录下，保存透明度为 0 的 BGRA 图像
```

运行上述代码后，在 D 盘根目录下，依次双击打开 bgra_image.png、bgra_172.png 和 bgra_0.png，3 幅图像的显示效果如图 5.16～图 5.18 所示。

图 5.16　bgra_image.png

图 5.17　bgra_172.png

这是一幅
完全透明
的图像

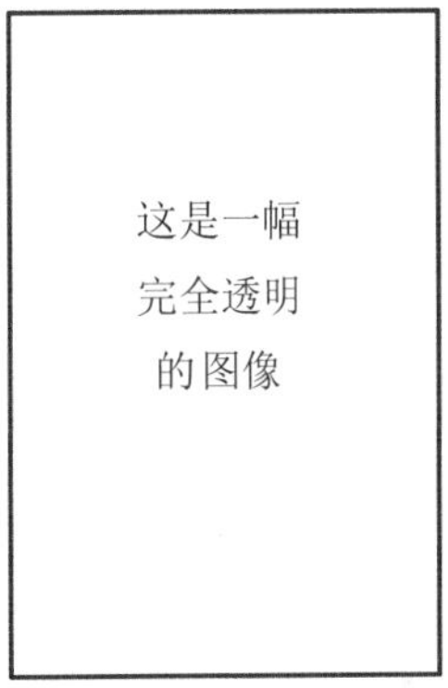

图 5.18　bgra_0.png

说明

PNG 图像是一种典型的 4 通道（即 B 通道、G 通道、R 通道和 A 通道）图像，因此被保存的 3 幅图像的格式均为.png。

5.3　小　　结

当使用 cvtColor()方法转换色彩空间时，虽然彩色图像能够转换为灰度图像，但是灰度图像不能转换为彩色图像。对于 HSV 色彩空间，如果保持其中两个通道的值不变，调整第 3 个通道的值，会得到相应的艺术效果。为了能够显示艺术效果，要把合并通道后的图像从 HSV 色彩空间转换到 BGR 色彩空间。当使用 alpha 通道设置图像的透明度时，为了能够直观地看到图像的透明效果，需先保存已经设置透明度的图像。

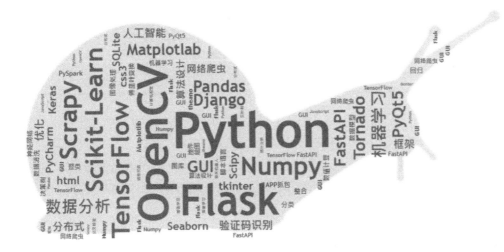

第 2 篇　基础篇

本篇介绍绘制图形和文字、图像的几何变换、图像的阈值处理和图像的运算。学习完这一部分内容后,读者不仅能够直观地看到运用 OpenCV 处理图像后的效果,还能够了解 OpenCV 程序的编码步骤和注意事项。

第 6 章

绘制图形和文字

OpenCV 提供了许多绘制图形的方法，包括绘制线段的 line()方法、绘制矩形的 rectangle()方法、绘制圆形的 circle()方法、绘制多边形的 polylines()方法和绘制文字的 putText()方法。本章将依次对上述各个方法进行讲解，并使用上述方法绘制相应的图形。

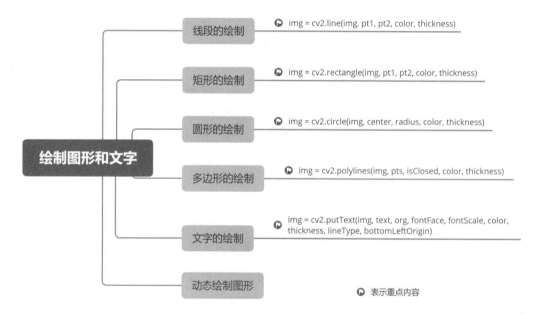

6.1 线段的绘制

OpenCV 提供了用于绘制线段的 line()方法，使用这个方法即可绘制长短不一、粗细各异、五颜六色的线段。line()方法的语法格式如下：

```
img = cv2.line(img, pt1, pt2, color, thickness)
```

参数说明：

☑ img：画布。

☑　pt1：线段的起点坐标。

☑　pt2：线段的终点坐标。

☑　color：绘制线段时的线条颜色。

☑　thickness：绘制线段时的线条宽度。

注意

线条颜色是 RGB 格式的，例如红色的 RGB 值是(255, 0, 0)。但是在 OpenCV 中，RGB 图像的通道顺序被转换成 B→G→R，因此(0, 0, 255)代表的是红色。

【实例 6.1】　绘制线段并拼成一个"王"字。（实例位置：资源包\TM\sl\6\01）

编写一个程序，使用 line()方法分别绘制颜色为蓝色、绿色、红色和黄色，线条宽度为 5、10、15和 20 的 4 条线段，并且这 4 条线段能够拼成一个"王"字如图 6.1 所示，把其主体部分放在图 6.2 所示的坐标系中，即可确定每条线段的起点坐标和终点坐标，代码如下：

```python
import numpy as np # 导入 Python 中的 numpy 模块
import cv2

# np.zeros()：创建了一个画布
# (300, 300, 3)：一个 300 x 300，具有 3 个颜色空间（即 Red、Green 和 Blue）的画布
# np.uint8：OpenCV 中的灰度图像和 RGB 图像都是以 uint8 存储的，因此这里的类型也是 uint8
canvas = np.zeros((300, 300, 3), np.uint8)
# 在画布上，绘制一条起点坐标为(50, 50)、终点坐标为(250, 50)、蓝色的、线条宽度为 5 的线段
canvas = cv2.line(canvas, (50, 50), (250, 50), (255, 0, 0), 5)
# 在画布上，绘制一条起点坐标为(50, 150)、终点坐标为(250, 150)、绿色的、线条宽度为 10 的线段
canvas = cv2.line(canvas, (50, 150), (250, 150), (0, 255, 0), 10)
# 在画布上，绘制一条起点坐标为(50, 250)、终点坐标为(250, 250)、红色的、线条宽度为 15 的线段
canvas = cv2.line(canvas, (50, 250), (250, 250), (0, 0, 255), 15)
# 在画布上，绘制一条起点坐标为(150, 50)、终点坐标为(150, 250)、黄色的、线条宽度为 20 的线段
canvas = cv2.line(canvas, (150, 50), (150, 250), (0, 255, 255), 20)
cv2.imshow("Lines", canvas) # 显示画布
cv2.waitKey()
cv2.destroyAllWindows()
```

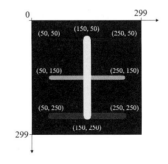

图 6.1　绘制线段并拼成一个"王"字　　　图 6.2　每条线段的起点坐标和终点坐标

此外，如果想把图 6.1 中的黑色背景替换为白色背景，应该如何操作呢？

这时，只需将实例 6.1 的第 7 行代码替换成如下代码即可：

```
canvas = np.ones((300, 300, 3), np.uint8) * 255
```

运行修改后的代码，得到如图 6.3 所示的结果。

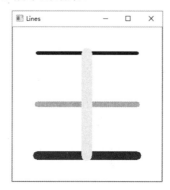

图 6.3 把图 6.1 中的黑色背景替换为白色背景

6.2 矩形的绘制

OpenCV 提供了用于绘制矩形的 rectangle()方法，使用这个方法既可以绘制矩形边框，也可以绘制实心矩形。rectangle()方法的语法格式如下：

```
img = cv2.rectangle(img, pt1, pt2, color, thickness)
```

参数说明：

☑ img：画布。

☑ pt1：矩形的左上角坐标。

☑ pt2：矩形的右下角坐标。

☑ color：绘制矩形时的线条颜色。

☑ thickness：绘制矩形时的线条宽度。

【实例 6.2】 绘制一个矩形边框。（实例位置：资源包\TM\sl\6\02）

编写一个程序，使用 rectangle()方法绘制一个青色的、线条宽度为 20 的矩形边框。绘制矩形时，矩形的左上角坐标为(50, 50)，矩形的右下角坐标为(200, 150)，代码如下：

```
import numpy as np # 导入 Python 中的 numpy 模块
import cv2

# np.zeros()：创建了一个画布
# (300, 300, 3)：一个 300 x 300，具有 3 个颜色空间（即 Red、Green 和 Blue）的画布
# np.uint8：OpenCV 中的灰度图像和 RGB 图像都是以 uint8 存储的，因此这里的类型也是 uint8
canvas = np.zeros((300, 300, 3), np.uint8)
```

```
# 在画布上绘制一个左上角坐标为(50,50)、右下角坐标为(200,150)、青色的、线条宽度为 20 的矩形边框
canvas = cv2.rectangle(canvas, (50, 50), (200, 150), (255, 255, 0), 20)
cv2.imshow("Rectangle", canvas) # 显示画布
cv2.waitKey()
cv2.destroyAllWindows()
```

上述代码的运行结果如图 6.4 所示。

说明

读者可参照图 6.2 所示的坐标系，了解矩形的左上角坐标和矩形的右下角坐标是如何确定的。

如果想要填充图 6.4 中的矩形边框，使之变成实心矩形，应该如何修改上述代码呢？

在 rectangle()方法的语法格式中，thickness 表示绘制矩形时的线条宽度。当 thickness 的值为-1 时，即可绘制一个实心矩形。也就是说，只需要把实例 6.2 的第 9 行代码中的最后一个参数 20 修改为-1，就能够绘制一个实心矩形，关键代码如下：

```
canvas = cv2.rectangle(canvas, (50, 50), (200, 150), (255, 255, 0), -1) # 绘制一个实心矩形
```

运行修改后的代码，得到如图 6.5 所示的结果。

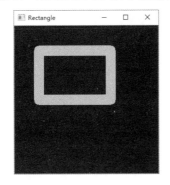

图 6.4　绘制一个矩形边框　　　　图 6.5　绘制一个实心矩形

正方形是特殊的矩形，因此使用 rectangle()方法不仅能绘制矩形，还能绘制正方形。

【实例 6.3】 绘制正方形。（实例位置：资源包\TM\sl\6\03）

编写一个程序，使用 rectangle()方法分别绘制 3 个正方形边框和 1 个实心正方形，具体要求如下。
（1）左上角坐标为(50, 50)、右下角坐标为(250, 250)、红色的、线条宽度为 40 的正方形边框。
（2）左上角坐标为(90, 90)、右下角坐标为(210, 210)、绿色的、线条宽度为 30 的正方形边框。
（3）左上角坐标为(120, 120)、右下角坐标为(180, 180)、蓝色的、线条宽度为 20 的正方形边框。
（4）左上角坐标为(140, 140)、右下角坐标为(160, 160)、黄色的实心正方形。
代码如下：

```
import numpy as np # 导入 Python 中的 numpy 模块
import cv2
```

```
# np.zeros()：创建了一个画布
# (300, 300, 3)：一个 300 x 300，具有 3 个颜色空间（即 Red、Green 和 Blue）的画布
# np.uint8：OpenCV 中的灰度图像和 RGB 图像都是以 uint8 存储的，因此这里的类型也是 uint8
canvas = np.zeros((300, 300, 3), np.uint8)
# 绘制一个左上角坐标为(50,50)、右下角坐标为(250,250)、红色的、线条宽度为 40 的正方形边框
canvas = cv2.rectangle(canvas, (50, 50), (250, 250), (0, 0, 255), 40)
# 绘制一个左上角坐标为(90,90)、右下角坐标为(210,210)、绿色的、线条宽度为 30 的正方形边框
canvas = cv2.rectangle(canvas, (90, 90), (210, 210), (0, 255, 0), 30)
# 绘制一个左上角坐标为(120,120)、右下角坐标为(180,180)、蓝色的、线条宽度为 20 的正方形边框
canvas = cv2.rectangle(canvas, (120, 120), (180, 180), (255, 0, 0), 20)
# 绘制一个左上角坐标为(140,140)、右下角坐标为(160,160)、黄色的实心正方形
canvas = cv2.rectangle(canvas, (140, 140), (160, 160), (0, 255, 255), -1)
cv2.imshow("Square", canvas) # 显示画布
cv2.waitKey()
cv2.destroyAllWindows()
```

上述代码的运行结果如图 6.6 所示。

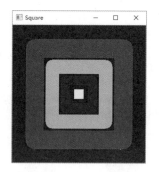

图 6.6　绘制正方形

6.3　圆形的绘制

OpenCV 提供了用于绘制圆形的 circle()方法，这个方法与 rectangle()方法的功能相同，既可以绘制圆形边框，也可以绘制实心圆形。circle()方法的语法格式如下：

```
img = cv2.circle(img, center, radius, color, thickness)
```

参数说明：

☑　img：画布。

☑　center：圆形的圆心坐标。

☑　radius：圆形的半径。

☑　color：绘制圆形时的线条颜色。

☑　thickness：绘制圆形时的线条宽度。

【实例 6.4】 绘制"交通灯"。(实例位置：资源包\TM\sl\6\04)

编写一个程序，使用 circle()方法分别绘制红色的、黄色的和绿色的 3 个实心圆形，用于模拟交通灯。这 3 个实心圆形的半径均为 40，并且呈水平方向放置，代码如下：

```python
import numpy as np # 导入 Python 中的 numpy 模块
import cv2

# np.zeros()：创建了一个画布
# (100, 300, 3)：一个 100 x 300，具有 3 个颜色空间（即 Red、Green 和 Blue）的画布
# np.uint8：OpenCV 中的灰度图像和 RGB 图像都是以 uint8 存储的，因此这里的类型也是 uint8
canvas = np.zeros((100, 300, 3), np.uint8)
# 在画布上，绘制一个圆心坐标为(50, 50)、半径为 40、红色的实心圆形
canvas = cv2.circle(canvas, (50, 50), 40, (0, 0, 255), -1)
# 在画布上，绘制一个圆心坐标为(150, 50)、半径为 40、黄色的实心圆形
canvas = cv2.circle(canvas, (150, 50), 40, (0, 255, 255), -1)
# 在画布上，绘制一个圆心坐标为(250, 50)、半径为 40、绿色的实心圆形
canvas = cv2.circle(canvas, (250, 50), 40, (0, 255, 0), -1)
cv2.imshow("TrafficLights", canvas) # 显示画布
cv2.waitKey()
cv2.destroyAllWindows()
```

上述代码的运行结果如图 6.7 所示。

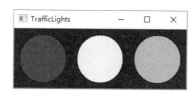

图 6.7 绘制"交通灯"

绘制圆形和绘制线段或者矩形一样容易，但是绘制圆形要比绘制线段或者矩形多一些趣味。例如，绘制同心圆、绘制随机圆等。

【实例 6.5】 绘制同心圆。(实例位置：资源包\TM\sl\6\05)

编写一个程序，使用 circle()方法和 for 循环绘制 5 个同心圆，这些圆形的圆心坐标均为画布的中心，半径的值分别为 0，30，60，90 和 120，线条颜色均为绿色，线条宽度均为 5，代码如下：

```python
import numpy as np # 导入 Python 中的 numpy 模块
import cv2

# np.zeros()：创建了一个画布
# (300, 300, 3)：一个 300 x 300，具有 3 个颜色空间（即 Red、Green 和 Blue）的画布
# np.uint8：OpenCV 中的灰度图像和 RGB 图像都是以 uint8 存储的，因此这里的类型也是 uint8
canvas = np.zeros((300, 300, 3), np.uint8)
# shape[1]表示画布的宽度，center_X 表示圆心的横坐标
# 圆心的横坐标等于画布的宽度的一半
center_X = int(canvas.shape[1] / 2)
# shape[0]表示画布的高度，center_X 表示圆心的纵坐标
```

```
# 圆心的纵坐标等于画布的高度的一半
center_Y = int(canvas.shape[0] / 2)
# r 表示半径；其中，r 的值分别为 0，30，60，90 和 120
for r in range(0, 150, 30):
    # 绘制一个圆心坐标为(center_X, center_Y)、半径为 r、绿色的、线条宽度为 5 的圆形
    cv2.circle(canvas, (center_X, center_Y), r, (0, 255, 0), 5)
cv2.imshow("Circles", canvas) # 显示画布
cv2.waitKey()
cv2.destroyAllWindows()
```

上述代码的运行结果如图 6.8 所示。

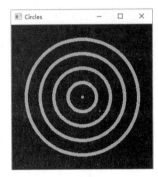

图 6.8　绘制同心圆

【实例 6.6】　绘制 27 个随机实心圆。（实例位置：资源包\TM\sl\6\06）

编写一个程序，使用 circle()方法和 for 循环随机绘制 27 个实心圆。其中，圆心的横、纵坐标在[0, 299]内取值，半径在[11, 70]内取值，线条颜色由 3 个在[0, 255]内的随机数组成的列表表示，代码如下：

```
import numpy as np # 导入 Python 中的 numpy 模块
import cv2

# np.zeros()：创建了一个画布
# (300, 300, 3)：一个 300 x 300，具有 3 个颜色空间（即 Red、Green 和 Blue）的画布
# np.uint8：OpenCV 中的灰度图像和 RGB 图像都是以 uint8 存储的，因此这里的类型也是 uint8
canvas = np.zeros((300, 300, 3), np.uint8)
# 通过循环绘制 27 个实心圆
for numbers in range(0, 28):
    # 获得随机的圆心横坐标，这个横坐标在[0, 299]范围内取值
    center_X = np.random.randint(0, high = 300)
    # 获得随机的圆心纵坐标，这个纵坐标在[0, 299]范围内取值
    center_Y = np.random.randint(0, high = 300)
    # 获得随机的半径，这个半径在[11, 70]范围内取值
    radius = np.random.randint(11, high = 71)
    # 获得随机的线条颜色，这个颜色由 3 个在[0, 255]范围内的随机数组成的列表表示
    color = np.random.randint(0, high = 256, size = (3,)).tolist()
    # 绘制一个圆心坐标为(center_X, center_Y)、半径为 radius、颜色为 color 的实心圆形
    cv2.circle(canvas, (center_X, center_Y), radius, color, -1)
cv2.imshow("Circles", canvas) # 显示画布
```

```
cv2.waitKey()
cv2.destroyAllWindows()
```

上述代码的运行结果如图 6.9 所示。

图 6.9 绘制 27 个随机实心圆

6.4　多边形的绘制

OpenCV 提供了绘制多边形的 polylines()方法，使用这个方法绘制的多边形既可以是闭合的，也可以是不闭合的。polylines()方法的语法格式如下：

```
img = cv2.polylines(img, pts, isClosed, color, thickness)
```

参数说明：

☑　img：画布。

☑　pts：由多边形各个顶点的坐标组成的一个列表，这个列表是一个 numpy 的数组类型。

☑　isClosed：如果值为 True，表示一个闭合的多边形；如果值为 False，表示一个不闭合的多边形。

☑　color：绘制多边形时的线条颜色。

☑　thickness：绘制多边形时的线条宽度。

【实例 6.7】　绘制一个等腰梯形边框。（实例位置：资源包\TM\sl\6\07）

编写一个程序，按顺时针给出等腰梯形 4 个顶点的坐标，即(100, 50)，(200, 50)，(250, 250)和(50, 250)。在画布上根据 4 个顶点的坐标，绘制一个闭合的、红色的、线条宽度为 5 的等腰梯形边框，代码如下：

```
import numpy as np # 导入 Python 中的 numpy 模块
```

```
import cv2

# np.zeros()：创建了一个画布
# (300, 300, 3)：一个 300 x 300，具有 3 个颜色空间（即 Red、Green 和 Blue）的画布
# np.uint8：OpenCV 中的灰度图像和 RGB 图像都是以 uint8 存储的，因此这里的类型也是 uint8
canvas = np.zeros((300, 300, 3), np.uint8)
# 按顺时针给出等腰梯形 4 个顶点的坐标
# 这 4 个顶点的坐标构成了一个大小等于"顶点个数 * 1 * 2"的数组
# 这个数组的数据类型为 np.int32
pts = np.array([[100, 50], [200, 50], [250, 250], [50, 250]], np.int32)
# 在画布上根据 4 个顶点的坐标，绘制一个闭合的、红色的、线条宽度为 5 的等腰梯形边框
canvas = cv2.polylines(canvas, [pts], True, (0, 0, 255), 5)
cv2.imshow("Polylines", canvas) # 显示画布
cv2.waitKey()
cv2.destroyAllWindows()
```

上述代码的运行结果如图 6.10 所示。

注意

在绘制一个等腰梯形边框时，需按顺时针（即(100, 50)，(200, 50)，(250, 250)和(50, 250)）或者逆时针（即(100, 50)，(50, 250)，(250, 250)和(200, 50)）给出等腰梯形 4 个顶点的坐标，否则无法绘制一个等腰梯形边框。

例如，把实例 6.7 的第 11 行代码做如下修改：

```
pts = np.array([[100, 50], [200, 50], [50, 250], [250, 250]], np.int32)
```

运行修改后的代码，得到如图 6.11 所示的结果。

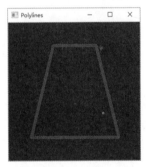

图 6.10　绘制一个等腰梯形边框　　　　　图 6.11　不按顺时针或逆时针给出等腰梯形
　　　　　　　　　　　　　　　　　　　　　　　　　　4 个顶点的坐标的运行结果

再如，把实例 6.7 的第 13 行代码中的 True 修改为 False，那么将绘制出一个不闭合的等腰梯形边框，代码如下：

```
canvas = cv2.polylines(canvas, [pts], False, (0, 0, 255), 5) # 绘制一个不闭合的等腰梯形边框
```

运行修改后的代码，得到如图 6.12 所示的结果。

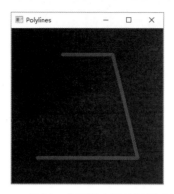

图 6.12　绘制一个不闭合的等腰梯形边框

6.5　文字的绘制

OpenCV 提供了用于绘制文字的 putText()方法，使用这个方法不仅能够设置字体的样式、大小和颜色，而且能够使字体呈现斜体的效果，还能够控制文字的方向，进而使文字呈现垂直镜像的效果。putText()方法的语法格式如下：

```
img = cv2.putText(img, text, org, fontFace, fontScale, color, thickness, lineType, bottomLeftOrigin)
```

参数说明：
- ☑　img：画布。
- ☑　text：要绘制的文字内容。
- ☑　org：文字在画布中的左下角坐标。
- ☑　fontFace：字体样式，可选参数如表 6.1 所示。

表 6.1　字体样式及其含义

字 体 样 式	含　义
FONT_HERSHEY_SIMPLEX	正常大小的 sans-serif 字体
FONT_HERSHEY_PLAIN	小号的 sans-serif 字体
FONT_HERSHEY_DUPLEX	正常大小的 sans-serif 字体 （比 FONT_HERSHEY_SIMPLEX 字体样式更复杂）
FONT_HERSHEY_COMPLEX	正常大小的 serif 字体
FONT_HERSHEY_TRIPLEX	正常大小的 serif 字体 （比 FONT_HERSHEY_COMPLEX 字体样式更复杂）
FONT_HERSHEY_COMPLEX_SMALL	FONT_HERSHEY_COMPLEX 字体样式的简化版
FONT_HERSHEY_SCRIPT_SIMPLEX	手写风格的字体
FONT_HERSHEY_SCRIPT_COMPLEX	FONT_HERSHEY_SCRIPT_SIMPLEX 字体样式的进阶版
FONT_ITALIC	斜体

- ☑ fontScale：字体大小。
- ☑ color：绘制文字时的线条颜色。
- ☑ thickness：绘制文字时的线条宽度。
- ☑ lineType：线型。（线型指的是线的产生算法，有 4 和 8 两个值，默认值为 8）
- ☑ bottomLeftOrigin：绘制文字时的方向。（有 True 和 False 两个值，默认值为 False）

说明

使用 putText()方法时，thickness、lineType 和 bottomLeftOrigin 是可选参数，有无均可。

【实例 6.8】 绘制文字 "mrsoft"。（实例位置：资源包\TM\sl\6\08）

编写一个程序，在画布上绘制文字 "mrsoft"。其中，文字左下角的坐标为(20, 70)，字体样式为 FONT_HERSHEY_TRIPLEX，字体大小为 2，线条颜色是绿色，线条宽度为 5，代码如下：

```python
import numpy as np # 导入 Python 中的 numpy 模块
import cv2

# np.zeros()：创建了一个画布
# (100, 300, 3)：一个 100 x 300，具有 3 个颜色空间（即 Red、Green 和 Blue）的画布
# np.uint8：OpenCV 中的灰度图像和 RGB 图像都是以 uint8 存储的，因此这里的类型也是 uint8
canvas = np.zeros((100, 300, 3), np.uint8)
# 在画布上绘制文字 "mrsoft"，文字左下角的坐标为(20, 70)
# 字体样式为 FONT_HERSHEY_TRIPLEX
# 字体大小为 2，线条颜色是绿色，线条宽度为 5
cv2.putText(canvas, "mrsoft", (20, 70), cv2.FONT_HERSHEY_TRIPLEX, 2, (0, 255, 0), 5)
cv2.imshow("Text", canvas) # 显示画布
cv2.waitKey()
cv2.destroyAllWindows()
```

上述代码的运行结果如图 6.13 所示。

说明

不借助其他库或者模块，使用 putText()方法绘制中文时，即把实例 6.8 的第 11 行代码中的 mrsoft 修改为 "您好"，代码如下：

```python
cv2.putText(canvas, "您好", (20, 70), cv2.FONT_HERSHEY_TRIPLEX, 2, (0, 255, 0), 5)
```

运行上述代码会出现如图 6.14 所示的乱码。因此，本书只介绍绘制英文的相关内容。

图 6.13　绘制文字 "mrsoft"

图 6.14　绘制中文时出现乱码

如果把实例 6.8 的第 11 行代码中的字体样式由 "cv2.FONT_HERSHEY_TRIPLEX" 修改为 "cv2.FONT_HERSHEY_DUPLEX"，那么将改变图 6.13 中的字体样式，关键代码如下：

cv2.putText(canvas, "mrsoft", (20, 70), cv2.FONT_HERSHEY_DUPLEX, 2, (0, 255, 0), 5)

运行修改后的代码，得到如图 6.15 所示的效果（图 6.15（a）是 FONT_HERSHEY_TRIPLEX 呈现的效果）。

（a）FONT_HERSHEY_TRIPLEX 呈现的效果　　　　　（b）FONT_HERSHEY_DUPLEX 呈现的效果

图 6.15　字体样式变化效果

根据上述修改方法，读者朋友可以把实例 6.8 的第 11 行代码中的字体样式依次修改为表 6.1 中的各个字体样式，这样就能够查看每一个字体样式所呈现的效果。

6.5.1　文字的斜体效果

FONT_ITALIC 可以与其他文字类型一起使用，使字体在呈现指定字体样式效果的同时，也呈现斜体效果。

【实例 6.9】　绘制指定字体样式的文字并呈现斜体效果。（实例位置：资源包\TM\sl\6\09）

编写一个程序，在图 6.13 呈现的文字效果的基础上，使字体呈现斜体效果，代码如下：

```python
import numpy as np # 导入 Python 中的 numpy 模块
import cv2

# np.zeros()：创建了一个画布
# (100, 300, 3)：一个 100 x 300，具有 3 个颜色空间（即 Red、Green 和 Blue）的画布
# np.uint8：OpenCV 中的灰度图像和 RGB 图像都是以 uint8 存储的，因此这里的类型也是 uint8
canvas = np.zeros((100, 300, 3), np.uint8)
# 字体样式为 FONT_HERSHEY_TRIPLEX 和 FONT_ITALIC
fontStyle = cv2.FONT_HERSHEY_TRIPLEX + cv2.FONT_ITALIC
# 在画布上绘制文字 "mrsoft"，文字左下角的坐标为(20, 70)
# 字体样式为 fontStyle，字体大小为 2，线条颜色是绿色，线条宽度为 5
cv2.putText(canvas, "mrsoft", (20, 70), fontStyle, 2, (0, 255, 0), 5)
cv2.imshow("Text", canvas) # 显示画布
cv2.waitKey()
cv2.destroyAllWindows()
```

上述代码的运行效果如图 6.16 所示（图 6.16（a）是原图像，即图 6.13）。

（a）图 6.13 文字正体　　　　　　　　　　（b）使图 6.13 文字呈现斜体效果

图 6.16　文字的斜体效果

6.5.2　文字的垂直镜像效果

在 putText()方法的语法格式中，有一个控制绘制文字时的方向的参数，即 bottomLeftOrigin，其默认值为 False。当 bottomLeftOrigin 为 True 时，文字将呈现垂直镜像效果。

【实例 6.10】　绘制呈现垂直镜像效果的"mrsoft"。（实例位置：资源包\TM\sl\6\10）

编写一个程序，首先在画布上绘制文字"mrsoft"。其中，文字左下角的坐标为(20, 70)，字体样式为 FONT_HERSHEY_TRIPLEX，字体大小为 2，线条颜色是绿色，线条宽度为 5。然后在该画布上绘制相同的字体样式、字体大小、线条颜色和线条宽度，而且呈现垂直镜像效果的"mrsoft"，代码如下：

```python
import numpy as np # 导入 Python 中的 numpy 模块
import cv2

# np.zeros()：创建了一个画布
# (200, 300, 3)：一个 200 x 300，具有 3 个颜色空间（即 Red、Green 和 Blue）的画布
# np.uint8：OpenCV 中的灰度图像和 RGB 图像都是以 uint8 存储的，因此这里的类型也是 uint8
canvas = np.zeros((200, 300, 3), np.uint8)
# 字体样式为 FONT_HERSHEY_TRIPLEX
fontStyle = cv2.FONT_HERSHEY_TRIPLEX
# 在画布上绘制文字"mrsoft"，文字左下角的坐标为(20, 70)
# 字体样式为 fontStyle，字体大小为 2，线条颜色是绿色，线条宽度为 5
cv2.putText(canvas, "mrsoft", (20, 70), fontStyle, 2, (0, 255, 0), 5)
# 使文字"mrsoft"呈现垂直镜像效果，这时 lineType 和 bottomLeftOrigin 变成了必须参数
# 其中，lineType 取默认值 8，bottomLeftOrigin 的值为 True
cv2.putText(canvas, "mrsoft", (20, 100), fontStyle, 2, (0, 255, 0), 5, 8, True)
cv2.imshow("Text", canvas) # 显示画布
cv2.waitKey()
cv2.destroyAllWindows()
```

上述代码的运行效果如图 6.17 所示。

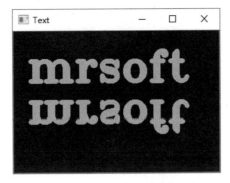

图 6.17 绘制呈现垂直镜像效果的"mrsoft"

6.5.3 在图像上绘制文字

OpenCV 除了可以在 np.zeros()创建的画布上绘制文字外，还能够在图像上绘制文字。区别是当在图像上绘制文字时，不再需要导入 Python 中的 numpy 模块。

【实例 6.11】 在图像上绘制文字。（实例位置：资源包\TM\sl\6\11）

编写一个程序，在 D 盘根目录下的 2.1.jpg 上绘制文字"Flower"。其中，文字左下角的坐标为(20, 90)，字体样式为 FONT_HERSHEY_TRIPLEX，字体大小为 1，线条颜色是黄色，代码如下：

```
import cv2

image = cv2.imread("D:/2.1.jpg") # 读取 D 盘根目录下的 2.1.jpg
# 字体样式为 FONT_HERSHEY_TRIPLEX
fontStyle = cv2.FONT_HERSHEY_TRIPLEX
# 在 image 上绘制文字"mrsoft"，文字左下角的坐标为(20, 90)，
# 字体样式为 fontStyle，字体大小为 1，线条颜色是黄色
cv2.putText(image, "Flower", (20, 90), fontStyle, 1, (0, 255, 255))
cv2.imshow("Text", image) # 显示画布
cv2.waitKey()
cv2.destroyAllWindows()
```

上述代码的运行结果如图 6.18 所示。

说明

借助 Python 中的 PIL(Python Imaging Library)模块，OpenCV 能够在图像上输出中文，需要做的是对图像进行 OpenCV 格式和 PIL 格式的相互转换。这部分内容较为复杂，本书不做介绍，读者可以自学相关内容。

图 6.18　在图像上绘制文字

6.6　动态绘制图形

前面主要讲解的是如何在画布上绘制静态的图形，如线段、矩形、正方形、圆形、多边形和文字等。那么，能不能让这些静态的图形动起来呢？如果能，又该怎么做呢？

【实例 6.12】　弹球动画。（实例位置：资源包\TM\sl\6\12）

在一个宽、高都为 200 像素的纯白色图像中，绘制一个半径为 20 像素的纯蓝色小球。让小球做匀速直线运动，一旦圆形碰触到图像边界则开始反弹（反弹不损失动能）。想要实现这个功能需要解决两个问题：如何计算运动轨迹和如何实现动画。下面分别介绍这两个问题的解决思路。

1. 通过图像坐标系计算运动轨迹

小球在运动的过程中可以把移动速度划分为上、下、左、右 4 个方向。左右为横坐标移动速度，上下为纵坐标移动速度。小球向右移动时横坐标不断变大，向左移动时横坐标不断变小，由此可以认为：小球向右的移动速度为正，向左的移动速度为负。纵坐标同理，因为图像坐标系的原点为背景左上角顶点，越往下延伸纵坐标越大，所以小球向上的移动速度为负，向下的移动速度为正。4 个方向的速度如图 6.19 所示。

假设小球移动一段时间后，移动的轨迹如图 6.20 所示，小球分别达到了 4 个位置，2 号位置和 3 号位置发生了反弹，也就是移动速度发生变化，导致移动方向发生变化。整个过程中，4 个位置的速度分别如下：

❶：右下方向移动，横坐标向右，横坐标速度为$+v_x$，纵坐标向下，纵坐标速度为$+v_y$。

❷：右上方向移动，横坐标向右，横坐标速度为$+v_x$，纵坐标向上，纵坐标速度为$-v_y$。

❸：左上方向移动，横坐标向左，横坐标速度为$-v_x$，纵坐标向上，纵坐标速度为$-v_y$。

❹：左上方移动，没有碰到边界，依然保持着与 3 号位置相同移动速度。

由此可以得出，只需要改变速度的正负号小球就可以改变移动方向，所以在程序中可以将小球的横坐标速度和纵坐标速度设定成一个不变的值，每次小球碰到左右边界，就更改横坐标速度的正负号，碰到上下边界，就更改纵坐标速度的正负号。

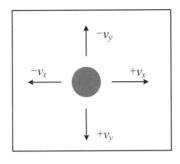

图 6.19　小球在 4 个方向的速度

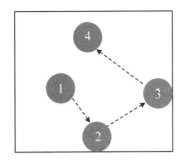

图 6.20　小球的移动轨迹

2. 通过 time 模块实现动画效果

Python 自带一个 time 时间模块，该模块提供了一个 sleep()方法可以让当前线程休眠一段时间，其语法格式如下：

```
time.sleep(seconds)
```

参数说明：

☑　seconds：休眠时间，单位为 s，可以是小数，如 1/10 表示（1/10）s。

例如，让当前线程休眠 1s，代码如下：

```
import time
time.sleep(1)   # 休眠 1s
```

动画实际上是由多幅画面在短时间内交替放映实现的视觉效果。每一幅画面被称为一帧，所谓的 60 帧就是指 1s 放映了 60 幅画面。使用 time 模块每（1/60）s 计算一次小球的移动轨迹，并将移动后的结果绘制到图像上，这样 1s 有 60 幅图像交替放映，就可以看到弹球的动画效果了。

弹球动画的具体代码如下：

```
import cv2
import time
import numpy as np

width, height = 200, 200                        # 画面的宽和高
r = 20                                          # 圆半径
x = r + 20                                      # 圆心和坐标起始坐标
y = r + 100                                     # 圆形纵坐标起始坐标
x_offer = y_offer = 4                           # 每一帧的移动速度

while cv2.waitKey(1) == -1:                     # 按下任何按键之后
    if x > width - r or x < r:                 # 如果圆的横坐标超出边界
        x_offer *= -1                          # 横坐标速度取相反值
    if y > height - r or y < r:                # 如果圆的纵坐标超出边界
        y_offer *= -1                          # 纵坐标速度取相反值
    x += x_offer                               # 圆心按照横坐标速度移动
    y += y_offer                               # 圆心按照纵坐标速度移动
```

```
img = np.ones((width, height, 3), np.uint8) * 255          # 绘制白色背景面板
cv2.circle(img, (x, y), r, (255, 0, 0), -1)                # 绘制圆形
cv2.imshow("img", img)                                     # 显示图像
time.sleep(1 / 60)                                         # 休眠 1/60s，也就是每秒 60 帧

cv2.destroyAllWindows()                                    # 释放所有窗体
```

运行结果如图 6.21 所示。

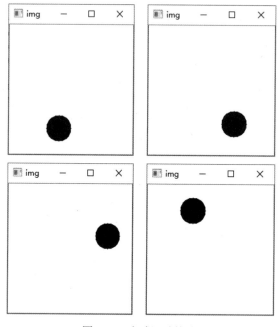

图 6.21　小球运动轨迹

6.7　小　结

不论是绘制图形，还是绘制文字，都需要创建画布，这个画布可以是一幅图像。需要确定线条的颜色时，要特别注意颜色的表示方式，即 (B, G, R)。当绘制矩形、圆形和多边形时，通过设置线条宽度，既可以绘制图形的边框，又可以绘制被填充的图形。但是，在绘制多边形的过程中，要按照顺时针或者逆时针的方向，标记多边形各个顶点的坐标。此外，OpenCV 提供的用于绘制图形的方法，不仅可以绘制静态的图形，还可以绘制动态的图形。

第 7 章

图像的几何变换

几何变换是指改变图像的几何结构，例如大小、角度和形状等，让图像呈现出缩放、翻转、映射和透视效果。这些几何变换操作都涉及复杂、精密的计算，OpenCV 将这些计算过程封装成非常灵活的方法，开发者只需修改一些参数，就能实现图像的变换效果。本章将介绍几种常见的几何变换效果及其实现方法。

7.1 缩　　放

"缩"表示缩小，"放"表示放大，通过 OpenCV 提供的 resize()方法可以随意更改图像的大小比例，其语法如下：

```
dst = cv2.resize(src, dsize, fx, fy, interpolation)
```

参数说明：

☑　src：原始图像。

☑　dsize：输出图像的大小，格式为（宽，高），单位为像素。

☑　fx：可选参数。水平方向的缩放比例。

☑ fy：可选参数。垂直方向的缩放比例。

☑ interpolation：可选参数。缩放的插值方式。在图像缩小或放大时需要删减或补充像素，该参数可以指定使用哪种算法对像素进行增减。建议使用默认值。

返回值说明：

☑ dst：缩值之后的图像。

resize()方法有两种使用方式，一种是通过 dsize 参数实现缩放，另一种是通过 fx 和 fy 参数实现缩放，下面分别介绍。

7.1.1 dsize 参数实现缩放

dsize 参数的格式是一个元组，例如(100, 200)，表示将图像按照宽 100 像素、高 200 像素的大小进行缩放。如果使用 dsize 参数，就可以不写 fx 和 fy 参数。

【实例 7.1】 将图像按照指定宽高进行缩放。（实例位置：资源包\TM\sl\7\01）

将一个图像按照宽 100 像素、高 100 像素的大小进行缩小，再按照宽 400 像素、高 400 像素的大小进行放大，代码如下：

```python
import cv2
img = cv2.imread("demo.png")          # 读取图像
dst1 = cv2.resize(img, (100, 100))    # 按照宽 100 像素、高 100 像素的大小进行缩小
dst2 = cv2.resize(img, (400, 400))    # 按照宽 400 像素、高 400 像素的大小进行放大
cv2.imshow("img", img)                # 显示原图
cv2.imshow("dst1", dst1)              # 显示缩放图像
cv2.imshow("dst2", dst2)
cv2.waitKey()                         # 按下任何键盘按键后
cv2.destroyAllWindows()               # 释放所有窗体
```

上述代码的运行结果如图 7.1 所示。

（a）原图　　　　　（b）缩小成宽 100 像素、高 100 像素　　（c）放大成宽 400 像素、高 400 像素

图 7.1　dsize 参数缩放图像效果

7.1.2　fx 和 fy 参数实现缩放

使用 fx 参数和 fy 参数控制缩放时，dsize 参数值必须使用 None，否则 fx 和 fy 失效。

fx 参数和 fy 参数可以使用浮点值，小于 1 的值表示缩小，大于 1 的值表示放大。其计算公式为：

新图像宽度 = round(fx × 原图像宽度)
新图像高度 = round(fy × 原图像高度)

【实例 7.2】　将图像按照指定比例进行缩放。（实例位置：资源包\TM\sl\7\02）

将一个图像宽缩小到原来的 1/3、高缩小到原来的 1/2，再将图像宽放大 2 倍，高也放大 2 倍，代码如下：

```
import cv2
img = cv2.imread("demo.png")                  # 读取图像
dst3 = cv2.resize(img, None, fx=1 / 3, fy=1 / 2)   # 将宽缩小到原来的 1/3、高缩小到原来的 1/2
dst4 = cv2.resize(img, None, fx=2, fy=2)      # 将宽、高放大 2 倍
cv2.imshow("img", img)                         # 显示原图
cv2.imshow("dst3", dst3)                       # 显示缩放图像
cv2.imshow("dst4", dst4)                       # 显示缩放图像
cv2.waitKey()                                  # 按下任何键盘按键后
cv2.destroyAllWindows()                        # 释放所有窗体
```

上述代码的运行结果如图 7.2 所示。

（a）原图　　　　（b）宽缩小到 1/3、高缩小到 1/2　　　　（c）宽和高都放大 2 倍

图 7.2　fx 和 fy 参数缩放图像效果

7.2 翻　　转

水平方向被称为 X 轴，垂直方向被称为 Y 轴。图像沿着 X 轴或 Y 轴翻转之后，可以呈现出镜面或倒影的效果，如图 7.3 和图 7.4 所示。

图 7.3　沿 X 轴翻转的效果　　　　　　图 7.4　沿 Y 轴翻转的效果

OpenCV 通过 cv2.flip()方法实现翻转效果，其语法如下：

```
dst = cv2.flip(src, flipCode)
```

参数说明：

☑　src：原始图像。

☑　flipCode：翻转类型，类型值及含义如表 7.1 所示。

返回值说明：

☑　dst：翻转之后的图像。

表 7.1　flipCode 类型值及含义

类　型　值	含　　义
0	沿 X 轴翻转
正数	沿 Y 轴翻转
负数	同时沿 X 轴、Y 轴翻转

【实例 7.3】　同时实现 3 种翻转效果。（实例位置：资源包\TM\sl\7\03）

分别让图像沿 X 轴翻转，沿 Y 轴翻转，同时沿 X 轴、Y 轴翻转，查看翻转的效果，代码如下：

```
import cv2
img = cv2.imread("demo.png")                # 读取图像
dst1 = cv2.flip(img, 0)                      # 沿 X 轴翻转
dst2 = cv2.flip(img, 1)                      # 沿 Y 轴翻转
dst3 = cv2.flip(img, -1)                     # 同时沿 X 轴、Y 轴翻转
cv2.imshow("img", img)                       # 显示原图
cv2.imshow("dst1", dst1)                     # 显示翻转之后的图像
cv2.imshow("dst2", dst2)
cv2.imshow("dst3", dst3)
```

| cv2.waitKey() | # 按下任何键盘按键后 |
| cv2.destroyAllWindows() | # 释放所有窗体 |

上述代码的运行结果如图 7.5 所示。

（a）原图　　　　　　　　　　　（b）沿 Y 轴翻转

（c）沿 X 轴翻转　　　　　　（d）同时沿 X 轴、Y 轴翻转

图 7.5　图像实现 3 种翻转效果

7.3　仿 射 变 换

仿射变换是一种仅在二维平面中发生的几何变形，变换之后的图像仍然可以保持直线的"平直性"和"平行性"，也就是说原来的直线变换之后还是直线，平行线变换之后还是平行线。常见的仿射变换效果如图 7.6 所示，包含平移、旋转和倾斜。

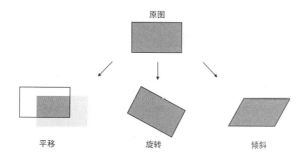

图 7.6　3 种常见的仿射变换效果

OpenCV 通过 cv2. warpAffine()方法实现仿射变换效果，其语法如下：

```
dst = cv2.warpAffine(src, M, dsize, flags, borderMode, borderValue)
```

参数说明：
- ☑ src：原始图像。
- ☑ M：一个 2 行 3 列的矩阵，根据此矩阵的值变换原图中的像素位置。
- ☑ dsize：输出图像的尺寸大小。
- ☑ flags：可选参数，插值方式，建议使用默认值。
- ☑ borderMode：可选参数，边界类型，建议使用默认值。
- ☑ borderValue：可选参数，边界值，默认为 0，建议使用默认值。

返回值说明：
- ☑ dst：经过反射变换后输出图像。

M 也被叫作仿射矩阵，实际上就是一个 2×3 的列表，其格式如下：

```
M = [[a, b, c],[d, e, f]]
```

图像做何种仿射变换，完全取决于 **M** 的值，仿射变换输出的图像按照以下公式进行计算：

```
新 x = 原 x × a + 原 y × b + c
新 y = 原 x × d + 原 y × e + f
```

原 x 和原 y 表示原始图像中像素的横坐标和纵坐标，新 x 与新 y 表示同一个像素经过仿射变换后在新图像中的横坐标和纵坐标。

M 矩阵中的数字采用 32 位浮点格式，可以采用两种方式创建 **M**。

（1）创建一个全是 0 的 **M**，代码如下：

```
import numpy as np
M = np.zeros((2, 3), np.float32)
```

（2）创建 **M** 的同时赋予具体值，代码如下：

```
import numpy as np
M = np.float32([[1, 2, 3], [4, 5, 6]])
```

通过设定 **M** 的值就可以实现多种仿射效果，下面分别介绍如何实现图像的平移、旋转和倾斜。

7.3.1　平移

平移就是让图像中的所有像素同时沿着水平或垂直方向移动。实现这种效果只需要将 **M** 的值按照以下格式进行设置：

```
M = [[1, 0, 水平移动的距离],[0, 1, 垂直移动的距离]]
```

原始图像的像素就会按照以下公式进行变换：

新 *x* = 原 *x* × 1 + 原 *y* × 0 + 水平移动的距离　= 原 *x* + 水平移动的距离
新 *y* = 原 *x* × 0 + 原 *y* × 1 + 垂直移动的距离　= 原 *y* + 垂直移动的距离

若水平移动的距离为正数，图像向右移动，若为负数，图像向左移动；若垂直移动的距离为正数，图像向下移动，若为负数，图像向上移动；若水平移动的距离和垂直移动的距离的值为 0，图像不发生移动。

【实例 7.4】　让图像向右下方平移。（实例位置：资源包\TM\sl\7\04）

例如，将图像向右移动 50 像素、向下移动 100 像素，代码如下：

```python
import cv2
import numpy as np
img = cv2.imread("demo.png")                  # 读取图像
rows = len(img)                               # 图像像素行数
cols = len(img[0])                            # 图像像素列数
M = np.float32([[1, 0, 50],                   # 横坐标向右移动 50 像素
                [0, 1, 100]])                 # 纵坐标向下移动 100 像素
dst = cv2.warpAffine(img, M, (cols, rows))
cv2.imshow("img", img)                        # 显示原图
cv2.imshow("dst", dst)                        # 显示仿射变换效果
cv2.waitKey()                                 # 按下任何键盘按键后
cv2.destroyAllWindows()                       # 释放所有窗体
```

上述代码的运行结果如图 7.7 所示。

（a）原图　　　　　　　　（b）向右移动 50 像素、向下移动 100 像素的效果

图 7.7　图像向右下方平移效果

通过修改 *M* 的值可以实现其他平移效果。例如，横坐标不变，纵坐标向上移动 50 像素，*M* 的值如下：

```python
M = np.float32([[1, 0, 0],        # 横坐标不变
                [0, 1, -50]])     # 纵坐标向上移动 50 像素
```

移动效果如图 7.8 所示。

纵坐标不变，横坐标向左移动 200 像素，*M* 的值如下：

```python
M = np.float32([[1, 0, -200],     # 横坐标向左移动 200 像素
                [0, 1, 0]])       # 纵坐标不变
```

移动效果如图 7.9 所示。

图 7.8　横坐标不变、纵坐标向上移动 50 像素的效果　　图 7.9　纵坐标不变、横坐标向左移动 200 像素的效果

7.3.2　旋转

让图像旋转也是通过 *M* 矩阵实现的，但得出这个矩阵需要做很复杂的运算，于是 OpenCV 提供了
getRotationMatrix2D()方法自动计算旋转图像的 *M* 矩阵。getRotationMatrix2D()方法的语法如下：

```
M = cv2.getRotationMatrix2D(center, angle, scale)
```

参数说明：

☑　center：旋转的中心点坐标。

☑　angle：旋转的角度（不是弧度）。正数表示逆时针旋转，负数表示顺时针旋转。

☑　scale：缩放比例，浮点类型。如果取值 1，表示图像保持原来的比例。

返回值说明：

☑　M：getRotationMatrix2D()方法计算出的仿射矩阵。

【实例 7.5】　　让图像逆时针旋转。（实例位置：资源包\TM\sl\7\05）

让图像逆时针旋转 30°的同时缩小到原来的 80%，代码如下：

```
import cv2
img = cv2.imread("demo.png")                        # 读取图像
rows = len(img)                                     # 图像像素行数
cols = len(img[0])                                  # 图像像素列数
center = (rows / 2, cols / 2)                       # 图像的中心点
M = cv2.getRotationMatrix2D(center, 30, 0.8)        # 以图像为中心，逆时针旋转 30°，缩放 0.8 倍
dst = cv2.warpAffine(img, M, (cols, rows))          # 按照 M 进行仿射
cv2.imshow("img", img)                              # 显示原图
cv2.imshow("dst", dst)                              # 显示仿射变换效果
cv2.waitKey()                                       # 按下任何键盘按键后
cv2.destroyAllWindows()                             # 释放所有窗体
```

上述代码的运行效果如图 7.10 所示。

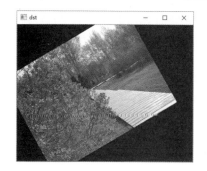

（a）原图　　　　　　　　　　　（b）逆时针旋转 30°的效果

7.10　图像逆时针旋转效果

7.3.3　倾斜

OpenCV 需要定位图像的 3 个点来计算倾斜效果，3 个点的位置如图 7.11 所示，这 3 个点分别是"左上角"点 A、"右上角"点 B 和"左下角"点 C。OpenCV 会根据这 3 个点的位置变化来计算其他像素的位置变化。因为要保证图像的"平直性"和"平行性"，所以不需要"右下角"的点做第 4 个参数，右下角这个点的位置根据 A、B、C 3 点的变化自动计算得出。

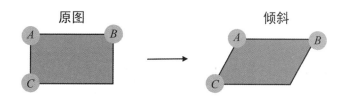

图 7.11　通过 3 个点定位图像的仿射变换效果

说明

"平直性"是指图像中的直线在经过仿射变换之后仍然是直线。"平行性"是指图像中的平行线在经过仿射变换之后仍然是平行线。

让图像倾斜也是需要通过 M 矩阵实现的，但得出这个矩阵需要做很复杂的运算，于是 OpenCV 提供了 getAffineTransform()方法来自动计算倾斜图像的 M 矩阵。getRotationMatrix2D()方法的语法如下：

```
M = cv2.getAffineTransform(src, dst)
```

参数说明：

☑　src：原图 3 个点坐标，格式为 3 行 2 列的 32 位浮点数列表，例如：[[0, 1], [1, 0], [1, 1]]。

☑　dst：倾斜图像的 3 个点坐标，格式与 src 一样。

返回值说明：

☑　M：getAffineTransform()方法计算出的仿射矩阵。

【实例 7.6】 让图像向右倾斜。（实例位置：资源包\TM\sl\7\06）

让图像向右倾斜，代码如下：

```
import cv2
import numpy as np
img = cv2.imread("demo.png")          # 读取图像
rows = len(img)                       # 图像像素行数
cols = len(img[0])                    # 图像像素列数
p1 = np.zeros((3, 2), np.float32)     # 32 位浮点型空列表，原图 3 个点
p1[0] = [0, 0]                        # 左上角点坐标
p1[1] = [cols - 1, 0]                 # 右上角点坐标
p1[2] = [0, rows - 1]                 # 左下角点坐标
p2 = np.zeros((3, 2), np.float32)     # 32 位浮点型空列表，倾斜图 3 个点
p2[0] = [50, 0]                       # 左上角点坐标，向右移动 50 像素
p2[1] = [cols - 1, 0]                 # 右上角点坐标，位置不变
p2[2] = [0, rows - 1]                 # 左下角点坐标，位置不变
M = cv2.getAffineTransform(p1, p2)    # 根据 3 个点的变化轨迹计算出 M 矩阵
dst = cv2.warpAffine(img, M, (cols, rows))  # 按照 M 进行仿射
cv2.imshow("img", img)                # 显示原图
cv2.imshow("dst", dst)                # 显示仿射变换效果
cv2.waitKey()                         # 按下任何键盘按键后
cv2.destroyAllWindows()               # 释放所有窗体
```

上述代码的运行结果如图 7.12 所示

（a）原图 （b）向右倾斜效果

图 7.12 图像向右倾斜效果

如果让图像向左倾斜，不能只通过移动点 A 来实现，还需要通过移动点 B 和点 C 来实现，3 个点的修改方式如下：

```
p1 = np.zeros((3, 2), np.float32)     # 32 位浮点型空列表，原图 3 个点
p1[0] = [0, 0]                        # 左上角点坐标
p1[1] = [cols - 1, 0]                 # 右上角点坐标
p1[2] = [0, rows - 1]                 # 左下角点坐标
p2 = np.zeros((3, 2), np.float32)     # 32 位浮点型空列表，倾斜图 3 个点
p2[0] = [0, 0]                        # 左上角点坐标，位置不变
p2[1] = [cols - 1 - 50, 0]           # 右上角点坐标，向左移动 50 像素
p2[2] = [50, rows - 1]               # 左下角点坐标，向右移动 50 像素
```

使用这两组数据计算出的 **M** 矩阵可以实现如图 7.13 所示的向左倾斜效果。

图 7.13　向左倾斜效果

7.4　透　　视

如果说仿射是让图像在二维平面中变形，那么透视就是让图像在三维空间中变形。从不同的角度观察物体，会看到不同的变形画面，例如，矩形会变成不规则的四边形，直角会变成锐角或钝角，圆形会变成椭圆，等等。这种变形之后的画面就是透视图。

如图 7.14 所示从图像的底部观察图 7.15（a），眼睛距离图像底部较近，所以图像底部宽度不变，但眼睛距离图像顶部较远，图像顶部宽度就会等比缩小，于是观察者就会看到如图 7.15（b）所示的透视效果。

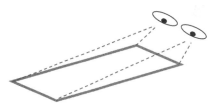

图 7.14　从图像的底部观察图像

（a）原图　　　　　　　　　　　　（b）图像的顶部被缩小形成透视效果

图 7.15　人眼观察图像透视效果

OpenCV 中需要通过定位图像的 4 个点计算透视效果，4 个点的位置如图 7.16 所示。OpenCV 根据这 4 个点的位置变化来计算其他像素的位置变化。透视效果不能保证图像的"平直性"和"平行性"。

OpenCV 通过 warpPerspective()方法来实现透视效果，其语法如下：

```
dst = cv2.warpPerspective(src, M, dsize, flags, borderMode, borderValue)
```

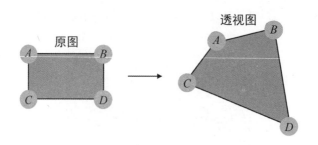

图 7.16　通过 4 个点定位图像的透视效果

参数说明：

☑　src：原始图像。

☑　M：一个 3 行 3 列的矩阵，根据此矩阵的值变换原图中的像素位置。

☑　dsize：输出图像的尺寸大小。

☑　flags：可选参数，插值方式，建议使用默认值。

☑　borderMode：可选参数，边界类型，建议使用默认值。

☑　borderValue：可选参数，边界值，默认为 0，建议使用默认值。

返回值说明：

☑　dst：经过透视变换后输出图像。

warpPerspective()方法也需要通过 **M** 矩阵计算透视效果，但得出这个矩阵需要做很复杂的运算，于是 OpenCV 提供了 getPerspectiveTransform()方法自动计算 **M** 矩阵。getPerspectiveTransform()方法的语法如下：

```
M = cv2.getPerspectiveTransform(src, dst,)
```

参数说明：

☑　src：原图 4 个点坐标，格式为 4 行 2 列的 32 位浮点数列表，例如：[[0, 0], [1, 0], [0, 1],[1, 1]]。

☑　dst：透视图的 4 个点坐标，格式与 src 一样。

返回值说明：

☑　M：getPerspectiveTransform()方法计算出的仿射矩阵。

【实例 7.7】　模拟从底部观察图像得到的透视效果。（实例位置：资源包\TM\sl\7\07）

模拟从底部观察图像得到的透视效果，将图像顶部边缘收窄，底部边缘保持不变，代码如下：

```
import cv2
import numpy as np
img = cv2.imread("demo.png")              # 读取图像
rows = len(img)                           # 图像像素行数
cols = len(img[0])                        # 图像像素列数
p1 = np.zeros((4, 2), np.float32)         # 32 位浮点型空列表，保存原图 4 个点
p1[0] = [0, 0]                            # 左上角点坐标
p1[1] = [cols - 1, 0]                     # 右上角点坐标
p1[2] = [0, rows - 1]                     # 左下角点坐标
p1[3] = [cols - 1, rows - 1]              # 右下角点坐标
```

```
p2 = np.zeros((4, 2), np.float32)          # 32 位浮点型空列表，保存透视图 4 个点
p2[0] = [90, 0]                            # 左上角点坐标，向右移动 90 像素
p2[1] = [cols - 90, 0]                     # 右上角点坐标，向左移动 90 像素
p2[2] = [0, rows - 1]                      # 左下角点坐标，位置不变
p2[3] = [cols - 1, rows - 1]               # 右下角点坐标，位置不变
M = cv2.getPerspectiveTransform(p1, p2)    # 根据 4 个点的变化轨迹计算出 M 矩阵
dst = cv2.warpPerspective(img, M, (cols, rows))   # 按照 M 进行仿射
cv2.imshow("img", img)                     # 显示原图
cv2.imshow("dst", dst)                     # 显示仿射变换效果
cv2.waitKey()                              # 按下任何键盘按键后
cv2.destroyAllWindows()                    # 释放所有窗体
```

上述代码的运行结果如图 7.17 所示。

（a）原图　　　　　　　　　　　（b）透视效果

图 7.17　图像透视效果

7.5　小　　结

图像的缩放有 2 种方式：一种是设置 dsize 参数，另一种是设置 fx 参数和 fy 参数。图像的翻转有 3 种方式，沿 X 轴翻转、沿 Y 轴翻转和同时沿 X 轴、Y 轴翻转，这 3 种方式均由 flipCode 参数的值决定。图像的仿射变换取决于仿射矩阵，采用不同的仿射矩阵（*M*），就会使图像呈现不同的仿射效果。此外，图像的透视仍然要依靠 *M* 矩阵实现。因此，读者只要熟练掌握并灵活运用 *M* 矩阵，就能够得心应手地对图像进行几何变换操作。

第 8 章

图像的阈值处理

　　阈值是图像处理中一个很重要的概念，类似一个"像素值的标准线"。所有像素值都与这条"标准线"进行比较，最后得到 3 种结果：像素值比阈值大、像素值比阈值小或像素值等于阈值。程序根据这些结果将所有像素进行分组，然后对某一组像素进行"加深"或"变淡"操作，使得整个图像的轮廓更加鲜明，更容易被计算机或肉眼识别。下面将对阈值的相关内容进行详细的介绍。

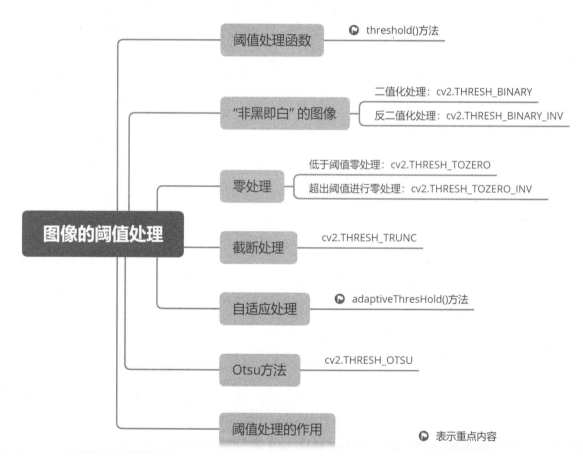

8.1　阈值处理函数

在图像处理的过程中，阈值的使用使得图像的像素值更单一，进而使得图像的效果更简单。首先，把一幅彩色图像转换为灰度图像，这样图像的像素值的取值范围即可简化为 0~255。然后，通过阈值使得转换后的灰度图像呈现出只有纯黑色和纯白色的视觉效果。例如，当阈值为 127 时，把小于 127 的所有像素值都转换为 0（即纯黑色），把大于 127 的所有像素值都转换为 255（即纯白色）。虽然会丢失一些灰度细节，但是会更明显地保留灰度图像主体的轮廓。

OpenCV 提供的 threshold()方法用于对图像进行阈值处理，threshold()方法的语法如下：

```
retval, dst = cv2.threshold(src, thresh, maxval, type)
```

参数说明：
- ☑　src：被处理的图像，可以是多通道图像。
- ☑　thresh：阈值，阈值在 125～150 取值的效果最好。
- ☑　maxval：阈值处理采用的最大值。
- ☑　type：阈值处理类型。常用类型和含义如表 8.1 所示。

表 8.1　阈值处理类型

类　　　型	含　　义
cv2.THRESH_BINARY	二值化阈值处理
cv2.THRESH_BINARY_INV	反二值化阈值处理
cv2.THRESH_TOZERO	低于阈值零处理
cv2.THRESH_TOZERO_INV	超出阈值零处理
cv2.THRESH_TRUNC	截断阈值处理

返回值说明：
- ☑　retval：处理时采用的阈值。
- ☑　dst：经过阈值处理后的图像。

8.2　"非黑即白"的图像

二值化处理和反二值化处理使得灰度图像的像素值两极分化，灰度图像呈现出只有纯黑色和纯白色的视觉效果。

8.2.1　二值化处理

二值化处理也叫二值化阈值处理，该处理让图像仅保留两种像素值，或者说所有像素都只能从两种值中取值。

进行二值化处理时，每一个像素值都会与阈值进行比较，将大于阈值的像素值变为最大值，将小于或等于阈值的像素值变为 0，计算公式如下：

```
if 像素值 <= 阈值: 像素值 = 0
if 像素值 > 阈值: 像素值 = 最大值
```

通常二值化处理是使用 255 作为最大值，因为灰度图像中 255 表示纯白色，能够很清晰地与纯黑色进行区分，所以灰度图像经过二值化处理后呈现"非黑即白"的效果。

例如，图 8.1 是一个由白到黑的渐变图，最左侧的像素值为 255（表现为纯白色），右侧的像素值逐渐递减，直到最右侧的像素值为 0（表现为纯黑色）。像素值的变化如图 8.2 所示。

图 8.1　由白到黑的渐变图像

255	255	254	254	253	253	252	251	…	5	4	3	2	1	0
255	255	254	254	253	253	252	251	…	5	4	3	2	1	0
…	…	…	…	…	…	…	…	…	…	…	…	…	…	…

图 8.2　渐变图像像素值变化示意图

【实例 8.1】　二值化处理白黑渐变图。（实例位置：资源包\TM\sl\8\01）

将图 8.1 进行二值化处理，取 0~255 的中间值 127 作为阈值，将 255 作为最大值，代码如下：

```
import cv2

img = cv2.imread("black.png", 0)                              # 将图像读成灰度图像
t1, dst1 = cv2.threshold(img, 127, 255, cv2.THRESH_BINARY)     # 二值化处理
cv2.imshow('img', img)                                         # 显示原图
cv2.imshow('dst1', dst1)                                       # 二值化处理效果图
cv2.waitKey()                                                  # 按下任何键盘按键后
cv2.destroyAllWindows()                                        # 释放所有窗体
```

上述代码的运行结果如图 8.3 和图 8.4 所示，图像中凡是大于 127 的像素值都变成了 255（纯白色），小于或等于 127 的像素值都变成了 0（纯黑色）。原图从白黑渐变图像变成了白黑拼接图像，可以看到非常清晰的黑白交界。

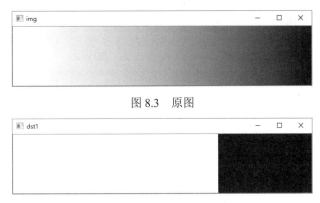

图 8.3　原图

图 8.4　二值化处理效果

【实例 8.2】　观察不同阈值的处理效果。（实例位置：资源包\TM\sl\8\02）

通过修改阈值大小可以调整黑白交界的位置。例如，分别采用 127 和 210 作为阈值，对比处理结果，代码如下：

```
import cv2

img = cv2.imread("black.png", 0)                              # 将图像读成灰度图像
t1, dst1 = cv2.threshold(img, 127, 255, cv2.THRESH_BINARY)    # 二值化处理
t2, dst2 = cv2.threshold(img, 210, 255, cv2.THRESH_BINARY)    # 调高阈值效果
cv2.imshow('dst1', dst1)                                       # 展示阈值为 127 时的效果
cv2.imshow('dst2', dst2)                                       # 展示阈值为 210 时的效果
cv2.waitKey()                                                  # 按下任何键盘按键后
cv2.destroyAllWindows()                                        # 释放所有窗体
```

上述代码的运行结果如图 8.5 所示。因为原图中大部分像素值都大于 127，所以阈值为 127 时，大部分像素都变成了 255（纯白色）；但原图中大于 210 的像素值并不多，所以阈值为 210 时，大部分像素都变成了 0（纯黑色）。

（a）阈值为 127 时的处理效果

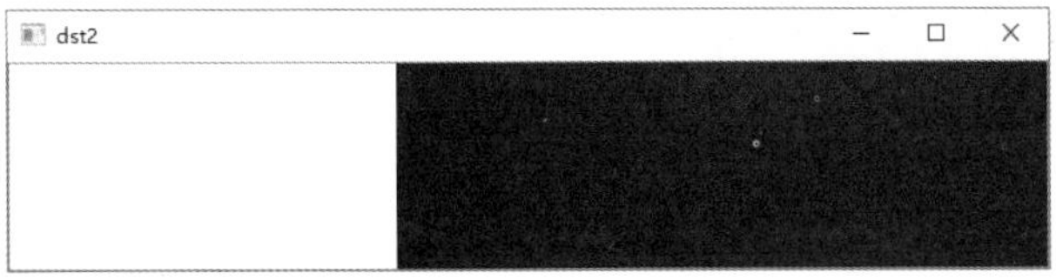

（b）阈值为 210 时的处理效果

图 8.5　不同阈值处理效果

【实例 8.3】 观察不同最大值的处理效果。（实例位置：资源包\TM\sl\8\03）

像素值的最小值默认为 0，但最大值可以由开发者设定。如果最大值不是 255（纯白色），那么"非黑"的像素就不一定是纯白色了。例如，灰度值 150 表现为"灰色"，查看将 150 作为最大值处理的效果，代码如下：

```python
import cv2

img = cv2.imread("black.png", 0)                              # 将图像读成灰度图像
t1, dst1 = cv2.threshold(img, 127, 255, cv2.THRESH_BINARY)    # 二值化处理
t3, dst3 = cv2.threshold(img, 127, 150, cv2.THRESH_BINARY)    # 调低最大值效果
cv2.imshow('dst1', dst1)                                      # 展示最大值为 255 时的效果
cv2.imshow('dst3', dst3)                                      # 展示最大值为 150 时的效果
cv2.waitKey()                                                 # 按下任何键盘按键后
cv2.destroyAllWindows()                                       # 释放所有窗体
```

上述代码的运行结果如图 8.6 所示。当最大值设为 150 时，凡是大于 127 的像素值都被改为 150，呈现灰色。

（a）最大值为 255 时的处理效果

（b）最大值为 150 时的处理效果

图 8.6　不同最大值处理效果

彩色图像也可以进行二值化处理，处理之后会将颜色夸张化，对比效果如图 8.7 和图 8.8 所示。

图 8.7　彩色图像原图

图 8.8　彩色图像进行二值化处理的效果

8.2.2　反二值化处理

反二值化处理也叫反二值化阈值处理，其结果为二值化处理的相反结果。将大于阈值的像素值变为 0，将小丁或等丁阈值的像素值变为最大值。原图像中白色的部分变成黑色，黑色的部分变成白色。计算公式如下：

```
if 像素值 <= 阈值: 像素值 = 最大值
if 像素值 > 阈值: 像素值 = 0
```

【实例 8.4】　对图像进行反二值化处理。（实例位置：资源包\TM\sl\8\04）

分别将图 8.1 进行二值化处理和反二值化处理，对比处理结果，代码如下：

```
import cv2

img = cv2.imread("black.png", 0)                            # 将图像读成灰度图像
t1, dst1 = cv2.threshold(img, 127, 255, cv2.THRESH_BINARY)  # 二值化处理
t4, dst4 = cv2.threshold(img, 127, 255, cv2.THRESH_BINARY_INV)  # 反二值化处理
cv2.imshow('dst1', dst1)                                    # 展示二值化效果
cv2.imshow('dst4', dst4)                                    # 展示反二值化效果
cv2.waitKey()                                               # 按下任何键盘按键后
cv2.destroyAllWindows()                                     # 释放所有窗体
```

上述代码的运行效果如图 8.9 所示，可以明显地看出二值化处理效果和反二值化处理效果是完全相反的。

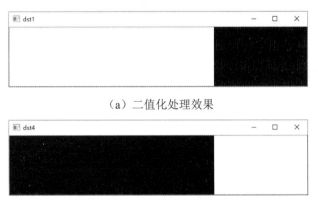

（a）二值化处理效果

（b）反二值化处理效果

图 8.9　二值化处理和反二值化处理效果

彩色图像经过反二值化处理后，因为各通道的颜色分量值不同，会呈现"混乱"的效果，对比效果如图 8.10 所示。

（a）彩色图像原图　　　　　　　（b）彩色图像进行反二值化处理的效果

图 8.10　彩色图像反二值化处理效果

8.3　零　处　理

零处理会将某一个范围内的像素值变为 0，并允许范围之外的像素保留原值。零处理包括低于阈值零处理和超出阈值零处理。

8.3.1　低于阈值零处理

低于阈值零处理也叫低阈值零处理，该处理将低于或等于阈值的像素值变为 0，大于阈值的像素值保持原值，计算公式如下：

```
if 像素值 <= 阈值: 像素值 = 0
if 像素值 > 阈值: 像素值 = 原值
```

【实例 8.5】　对图像进行低于阈值零处理。（实例位置：资源包\TM\sl\8\05）

将图 8.1 进行低于阈值零处理，阈值设为 127，代码如下：

```
import cv2

img = cv2.imread("black.png", 0)                          # 将图像读成灰度图像
t5, dst5 = cv2.threshold(img, 127, 255, cv2.THRESH_TOZERO)  # 低于阈值零处理
cv2.imshow('img', img)                                     # 显示原图
cv2.imshow('dst5', dst5)                                   # 低于阈值零处理效果图
cv2.waitKey()                                              # 按下任何键盘按键后
cv2.destroyAllWindows()                                    # 释放所有窗体
```

上述代码的进行结果如图 8.11 所示，像素值低于或等于 127 的区域彻底变黑，像素值高于 127 的区域仍然保持渐变效果。

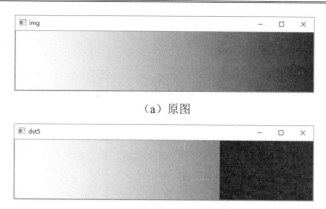

（a）原图

（b）低于阈值零处理效果

图 8.11　图像低于阈值零处理效果

图像经过低于阈值零处理后，颜色深的位置会彻底变黑，颜色浅的位置不受影响。彩色图像经过低于阈值零处理后，会让深颜色区域的颜色变得更深，甚至变黑，对比效果如图 8.12 所示。

（a）彩色图像原图　　　　　　　　　　（b）彩色图像经过低于阈值零处理的效果

图 8.12　彩色图像低于阈值零处理效果

8.3.2　超出阈值零处理

超出阈值零处理也叫超阈值零处理，该处理将大于阈值的像素值变为 0，小于或等于阈值的像素值保持原值。计算公式如下：

```
if 像素值 <= 阈值: 像素值 = 原值
if 像素值 > 阈值: 像素值 = 0
```

【实例 8.6】　对图像进行超出阈值零处理。（实例位置：资源包\TM\sl\8\06）

将图 8.1 进行超出阈值零处理，阈值设为 127，代码如下：

```python
import cv2

img = cv2.imread("black.png", 0)                              # 将图像读成灰度图像
t6, dst6 = cv2.threshold(img, 127, 255, cv2.THRESH_TOZERO_INV) # 超出阈值零处理
```

cv2.imshow('img', img)	# 显示原图
cv2.imshow('dst6', dst6)	# 超出阈值零处理效果图
cv2.waitKey()	# 按下任何键盘按键后
cv2.destroyAllWindows()	# 释放所有窗体

上述代码的运行结果如图 8.13 所示，像素值高于 127 的区域彻底变黑，像素值低于或等于 127 的区域仍然保持渐变效果。

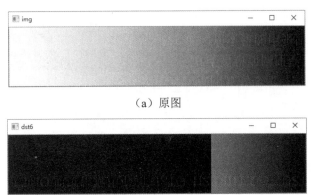

（a）原图

（b）超出阈值零处理效果

图 8.13　图像超出阈值零处理效果

图像经过超出阈值零处理后浅颜色区域彻底变黑，深颜色区域则不受影响。但彩色图像经过超出阈值零处理后，浅颜色区域的颜色分量取相反的极值，也呈现出一种"混乱"的效果，对比效果如图 8.14 所示。

（a）彩色图像原图　　　　　（b）彩色图像进行超出阈值零处理的效果

图 8.14　彩色图像超出阈值零处理效果

8.4　截　断　处　理

截断处理也叫截断阈值处理，该处理将图像中大于阈值的像素值变为和阈值一样的值，小于或等于阈值的像素保持原值，其公式如下：

```
if 像素 <= 阈值: 像素 = 原值
```

```
if 像素 > 阈值: 像素 = 阈值
```

【实例 8.7】　对图像进行截断处理。（实例位置：资源包\TM\sl\8\07）

将图 8.1 进行截断处理，取 127 作为阈值，代码如下：

```
import cv2

img = cv2.imread("black.png", 0)                          # 将图像读成灰度图像
t1, dst1 = cv2.threshold(img, 127, 255, cv2.THRESH_BINARY)   # 二值化处理
t7, dst7 = cv2.threshold(img, 127, 255, cv2.THRESH_TRUNC)    # 截断处理
cv2.imshow('dst1', dst1)                                   # 展示二值化效果
cv2.imshow('dst7', dst7)                                   # 展示截断效果
cv2.waitKey()                                              # 按下任何键盘按键后
cv2.destroyAllWindows()                                    # 释放所有窗体
```

上述代码的运行结果如图 8.15 所示，浅颜色区域都变成了灰色，但深颜色区域仍然是渐变效果。

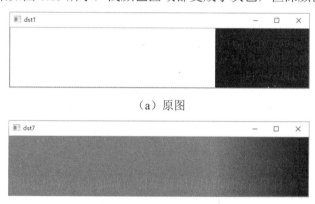

（a）原图

（b）阈值为 127 时截断处理的效果

图 8.15　图像截断处理效果

图像经过截断处理后，整体颜色都会变暗。彩色图像经过截断处理后，在降低亮度的同时还会让浅颜色区域的颜色变得更浅，对比效果如图 8.16 所示。

（a）彩色图像原图　　　　　　　　（b）彩色图像经过截断处理的效果

图 8.16　彩色图像截断处理效果

8.5 自适应处理

前面已经依次对 cv2.THRESH_BINARY、cv2.THRESH_BINARY_INV、cv2.THRESH_TOZERO、cv2.THRESH_TOZERO_INV 和 cv2.THRESH_TRUNC 这 5 种阈值处理类型进行了详解。因为图 8.1 是一幅色彩均衡的图像，所以直接使用一种阈值处理类型就能够对图像进行阈值处理。很多时候图像的色彩是不均衡的，如果只使用一种阈值处理类型，就无法得到清晰有效的结果。

【实例 8.8】 使用常用的 5 种阈值处理类型对色彩不均衡的图像（见图 8.17）进行处理。（实例位置：资源包\TM\sl\8\08）

图 8.17 色彩不均衡的图像

先将图 8.17 转换为灰度图像，再依次使用 cv2.THRESH_BINARY、cv2.THRESH_BINARY_INV、cv2.THRESH_TOZERO、cv2.THRESH_TOZERO_INV 和 cv2.THRESH_TRUNC 这 5 种阈值处理类型对转换后的灰度图像进行阈值处理，代码如下：

```python
import cv2

image = cv2.imread("4.27.png")  # 读取 4.27.png
image_Gray = cv2.cvtColor(image, cv2.COLOR_BGR2GRAY)                 # 将 4.27.png 转换为灰度图像
t1, dst1 = cv2.threshold(image_Gray, 127, 255, cv2.THRESH_BINARY)      # 二值化处理
t2, dst2 = cv2.threshold(image_Gray, 127, 255, cv2.THRESH_BINARY_INV)  # 反二值化处理
t3, dst3 = cv2.threshold(image_Gray, 127, 255, cv2.THRESH_TOZERO)      # 低于阈值零处理
t4, dst4 = cv2.threshold(image_Gray, 127, 255, cv2.THRESH_TOZERO_INV)  # 超出阈值零处理
t5, dst5 = cv2.threshold(image_Gray, 127, 255, cv2.THRESH_TRUNC)       # 截断处理
# 分别显示经过 5 种阈值类型处理后的图像
cv2.imshow("BINARY", dst1)
cv2.imshow("BINARY_INV", dst2)
cv2.imshow("TOZERO", dst3)
```

```
cv2.imshow("TOZERO_INV", dst4)
cv2.imshow("TRUNC", dst5)
cv2.waitKey()                              # 按下任何键盘按键后
cv2.destroyAllWindows()                    # 销毁所有窗口
```

上述代码的运行结果如图 8.18～图 8.22 所示。

图 8.18　二值化处理

图 8.19　反二值化处理

图 8.20　低于阈值零处理

图 8.21　超出阈值零处理

图 8.22　截断处理

从视觉上看，对于色彩不均衡的图像，虽然使用截断处理的效果是 5 种阈值处理类型中效果比较好的，但是有些轮廓依然模糊不清（例如，图 8.22 中的手部轮廓），使用程序继续对其进行处理仍然很困难。这时，需要进一步简化图像。

OpenCV 提供了一种改进的阈值处理技术：图像中的不同区域使用不同的阈值。把这种改进的阈值处理技术称作自适应阈值处理也称自适应处理，自适应阈值是根据图像中某一正方形区域内的所有像素值按照指定的算法计算得到的。与前面讲解的 5 种阈值处理类型相比，自适应处理能更好地处理明暗分布不均的图像，获得更简单的图像效果。

OpenCV 提供了 adaptiveThresHold()方法对图像进行自适应处理，adaptiveThresHold()方法的语法如下：

```
dst = cv2.adaptiveThreshold(src, maxValue, adaptiveMethod, thresholdType, blockSize, C)
```

参数说明：

☑　src：被处理的图像。需要注意的是，该图像需是灰度图像。

☑　maxValue：阈值处理采用的最大值。

☑　adaptiveMethod：自适应阈值的计算方法。自适应阈值的计算方法及其含义如表 8.2 所示。

表 8.2　自适应阈值的计算方法及其含义

计 算 方 法	含 义
cv2.ADAPTIVE_THRESH_MEAN_C	对一个正方形区域内的所有像素平均加权
cv2.ADAPTIVE_THRESH_GAUSSIAN_C	根据高斯函数按照像素与中心点的距离对一个正方形区域内的所有像素进行加权计算

☑　thresholdType：阈值处理类型；需要注意的是，阈值处理类型需是 cv2.THRESH_BINARY 或 cv2.THRESH_BINARY_INV 中的一个。

☑　blockSize：一个正方形区域的大小。例如，5 指的是 5×5 的区域。

☑　C：常量。阈值等于均值或者加权值减去这个常量。

返回值说明：

☑　dst：经过阈值处理后的图像。

【实例 8.9】　使用自适应处理的效果。（实例位置：资源包\TM\sl\8\09）

先将图 8.17 转换为灰度图像，再分别使用 cv2.ADAPTIVE_THRESH_MEAN_C 和 cv2.ADAPTIVE_THRESH_GAUSSIAN_C 这两种自适应阈值的计算方法对转换后的灰度图像进行阈值处理，代码如下：

```python
import cv2

image = cv2.imread("4.27.png")                                          # 读取 4.27.png
image_Gray = cv2.cvtColor(image, cv2.COLOR_BGR2GRAY)                    # 将 4.27.png 转换为灰度图像
# 自适应阈值的计算方法为 cv2.ADAPTIVE_THRESH_MEAN_C
athdMEAM = cv2.adaptiveThreshold\
    (image_Gray, 255, cv2.ADAPTIVE_THRESH_MEAN_C, cv2.THRESH_BINARY, 5, 3)
# 自适应阈值的计算方法为 cv2.ADAPTIVE_THRESH_GAUSSIAN_C
athdGAUS = cv2.adaptiveThreshold\
    (image_Gray, 255, cv2.ADAPTIVE_THRESH_GAUSSIAN_C,cv2.THRESH_BINARY, 5, 3)
# 显示自适应处理的结果
cv2.imshow("MEAN_C", athdMEAM)
cv2.imshow("GAUSSIAN_C", athdGAUS)
cv2.waitKey()                                                           # 按下任何键盘按键后
cv2.destroyAllWindows()                                                 # 销毁所有窗口
```

上述代码的运行结果如图 8.23 和图 8.24 所示。

图 8.23　ADAPTIVE_THRESH_MEAN_C 的处理结果　　图 8.24　ADAPTIVE_THRESH_GAUSSIAN_C 的处理结果

与前面讲解的 5 种阈值处理类型的处理结果相比，自适应处理保留了图像中更多的细节信息，更明显地保留了灰度图像主体的轮廓。

> **注意**
>
> 　　使用自适应阈值处理图像时，如果图像是彩色图像，那么需要先将彩色图像转换为灰度图像；否则，运行程序时会出现如图 8.25 所示的错误提示。

图 8.25　运行程序时出现的错误

8.6　Otsu 方法

前面在讲解 5 种阈值处理类型的过程中，每个实例设置的阈值都是 127，这个 127 是笔者设置的，并不是通过算法计算得到的。对于有些图像，当阈值被设置为 127 时，得到的效果并不好，这时就需要一个个去尝试，直到找到最合适的阈值。

逐个寻找最合适的阈值不仅工作量大，而且效率低。为此，OpenCV 提供了 Otsu 方法。Otsu 方法能够遍历所有可能的阈值，从中找到最合适的阈值。

Otsu 方法的语法与 threshold() 方法的语法基本一致，只不过在为 type 传递参数时，要多传递一个参数，即 cv2.THRESH_OTSU。cv2.THRESH_OTSU 的作用就是实现 Otsu 方法的阈值处理。Otsu 方法的语法如下：

```
retval, dst = cv2.threshold(src, thresh, maxval, type)
```

参数说明：

☑　src：被处理的图像。需要注意的是，该图像需是灰度图像。

☑　thresh：阈值，且要把阈值设置为 0。

☑　maxval：阈值处理采用的最大值，即 255。

☑　type：阈值处理类型。除在表 8.1 中选择一种阈值处理类型外，还要多传递一个参数，即 cv2.THRESH_OTSU。例如，cv2.THRESH_BINARY + cv2.THRESH_OTSU。

返回值说明：

☑　retval：由 Otsu 方法计算得到并使用的最合适的阈值。

☑　dst：经过阈值处理后的图像。

【实例 8.10】　在图 8.26 上实现 Otsu 方法的阈值处理。（实例位置：资源包\TM\sl\8\10）

图 8.26 是一幅亮度较高的图像，分别对这幅图像进行二值化处理和实现 Otsu 方法的阈值处理，对比处理后图像的差异，代码如下：

图 8.26　一幅亮度较高的图像

```
import cv2

image = cv2.imread("4.36.jpg")                                    # 读取 4.36.jpg
image_Gray = cv2.cvtColor(image, cv2.COLOR_BGR2GRAY)              # 将 4.36.jpg 转换为灰度图像
t1, dst1 = cv2.threshold(image_Gray, 127, 255, cv2.THRESH_BINARY)  # 二值化处理
# 实现 Otsu 方法的阈值处理
t2, dst2 = cv2.threshold(image_Gray, 0, 255, cv2.THRESH_BINARY   + cv2.THRESH_OTSU)
cv2.putText(dst2, "best threshold: " + str(t2), (0, 30),
        cv2.FONT_HERSHEY_SIMPLEX, 1, (0, 0, 0), 2)               # 在图像上绘制最合适的阈值
cv2.imshow("BINARY", dst1)                                        # 显示二值化处理的图像
cv2.imshow("OTSU", dst2)                                          # 显示实现 Otsu 方法的阈值处理
cv2.waitKey()                                                     # 按下任何键盘按键后
cv2.destroyAllWindows()                                           # 销毁所有窗口
```

上述代码的运行结果如图 8.27 和图 8.28 所示。

对比图 8.27 和图 8.28 后能够发现，由于图 8.26 的亮度较高，使用阈值为 127 进行二值化阈值处理的结果没有很好地保留图像主体的轮廓，并出现了大量的白色区域。但是，通过实现 Otsu 方法的阈值处理，不仅找到了最合适的阈值（即 184），还将图像主体的轮廓很好地保留了下来，获得了比较好的处理结果。

图 8.27　二值化处理的结果　　　　　　图 8.28　实现 Otsu 方法的阈值处理的结果

8.7　阈值处理的作用

阈值处理在计算机视觉技术中占有十分重要的位置，它是很多高级算法的底层处理逻辑之一。因为二值图像会忽略细节，放大特征，而很多高级算法要根据物体的轮廓来分析物体特征，所以二值图

像非常适合做复杂的识别运算。在进行识别运算之前，应先将图像转为灰度图像，再进行二值化处理，这样就得到了算法所需的物体（大致）轮廓图像。

下面通过一个实例来演示通过阈值处理获取物体轮廓的方法。

【实例 8.11】　利用阈值处理勾勒楼房和汽车的轮廓。（实例位置：资源包\TM\sl\8\11）

读取一幅图像，先将图像转为灰度图像，再将图像分别进行二值化处理和反二值化处理，具体代码如下：

```python
import cv2

img = cv2.imread("car.jpg")                                 # 原始图像
gray = cv2.cvtColor(img, cv2.COLOR_BGR2GRAY)                # 转为灰度图像
t1, dst1 = cv2.threshold(gray, 127, 255, cv2.THRESH_BINARY)      # 二值化处理
t2, dst2 = cv2.threshold(gray, 127, 255, cv2.THRESH_BINARY_INV)  # 反二值化处理
cv2.imshow("img", img)                                      # 显示图像
cv2.imshow("gray", gray)
cv2.imshow("dst1", dst1)
cv2.imshow("dst2", dst2)
cv2.waitKey()                                               # 按下任何键盘按键后
cv2.destroyAllWindows()                                     # 释放所有窗体
```

上述代码的运行结果如图 8.29～图 8.32 所示。

图 8.29　原始图像

图 8.30　灰度图像

图 8.31　二值化处理效果

图 8.32　反二值化处理效果

从后面两幅图像可以看到，二值化处理后，图片只有纯黑和纯白两种颜色，图像中的楼房边缘变得更加鲜明，更容易被识别。地面因为颜色较深，所以大面积被涂黑，这样白色的汽车就与地面形成

了鲜明的反差。二值化处理后的汽车轮廓在肉眼看来可能还不够明显，但反二值化处理后的汽车轮廓与地面的反差就非常大。高级图像识别算法可以根据这种鲜明的像素变化来搜寻特征，最后达到识别物体分类的目的。

8.8　小　　结

　　OpenCV 提供了一个可以快速抠出图像主体线条的工具，这个工具就是阈值。在阈值的作用下，一幅彩色图像被转换为只有纯黑和纯白的二值图像。然而，灰度图像经 5 种阈值处理类型处理后，都无法得到图像主体的线条。为此，OpenCV 提供了一种改进的阈值处理技术，即自适应处理，其关键在于对图像中的不同区域使用不同的阈值。有了这种改进的阈值处理技术，得到图像主体的线条就不再是一件难以实现的事情了。

第 9 章

图像的运算

图像是由像素组成的，像素又是由具体的正整数表示的，因此图像也可以进行一系列数学运算，通过运算可以获得截取、合并图像等效果。OpenCV 提供了很多图像运算方法，经过运算的图像可以呈现出很多有趣的视觉效果。下面将对 OpenCV 中一些常用的图像运算方法进行介绍。

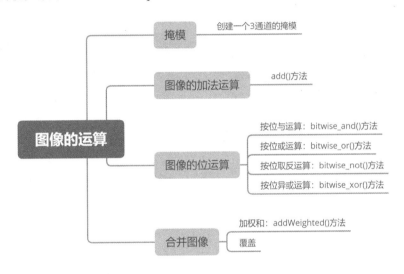

9.1 掩　　模

前面的章节出现过"掩模"这个参数，当时建议大家不使用这个参数。掩模到底有什么用呢？这一节将介绍掩模的概念。

外科医生在给患者做手术时，会为患者盖上手术洞巾，类似图 9.1，这样医生就只在这个预设好的孔洞部位进行手术。手术洞巾不仅有利于医生定位患处、暴露手术视野，还可以对非患处起到隔离、防污的作用。

同样，当计算机处理图像时，图像也如同一名"患者"一样，有些内容需要处理，有些内容不需要处理。通常计算机处理图像时会把所有像素都处理一遍，但如果想让计算机像外科大夫那样仅处理某一小块区域，那就要为图像盖上一张仅暴露一小块区域的"手术洞巾"。像"手术洞巾"那样能够覆盖原始图像、仅暴露原始图像"感兴趣区域"（ROI）的模板图像就被叫作掩模。

掩模，也叫作掩码，英文为 mask，在程序中用二值图像来表示：0 值（纯黑）区域表示被遮盖的部分，255 值（纯白）区域表示暴露的部分（某些场景下也会用 0 和 1 当作掩模的值）。

例如，图 9.2 是一幅小猫的原始图像，图 9.3 是原始图像的掩模，掩模覆盖原始图像之后，可以得到如图 9.4 所示的结果。

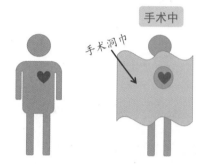

图 9.1　外科手术给患者使用的手术洞巾

图 9.2　原始图像

图 9.3　掩模

图 9.4　被掩模覆盖后得到的图像

如果调换了掩模中黑白区域，如图 9.5 所示，掩模覆盖原始图像之后得到的结果如图 9.6 所示。

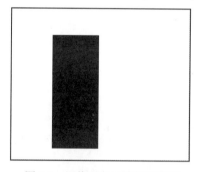

图 9.5　调换黑白区域的新掩模

图 9.6　被新掩模覆盖后得到的图像

在使用 OpenCV 处理图像时，通常使用 numpy 库提供的方法创建掩模图像，下面通过一个实例演示如何创建掩模图像。

【实例 9.1】　创建 3 通道掩模图像。（实例位置：资源包\TM\sl\9\01）

利用 numpy 库的 zeros()方法创建一幅掩模图像，感兴趣区域为在该图像中横坐标为 20、纵坐标为

50、宽为 60、高为 50 的矩形，展示该掩模图像。调换该掩模图像的感兴趣区域和不感兴趣区域之后，再次展示掩模图像，具体代码如下：

```
import cv2
import numpy as np

# 创建宽 150、高 150、3 通道、像素类型为无符号 8 位数字的零值图像
mask = np.zeros((150, 150, 3), np.uint8)
mask[50:100, 20:80, :] = 255;                # 50~100 行、20~80 列的像素改为纯白像素
cv2.imshow("mask1", mask)                     # 展示掩模
mask[:, :, :] = 255;                          # 全部改为纯白像素
mask[50:100, 20:80, :] = 0;                   # 50~100 行、20~80 列的像素改为纯黑像素
cv2.imshow("mask2", mask)                     # 展示掩模
cv2.waitKey()                                 # 按下任何键盘按键后
cv2.destroyAllWindows()                       # 释放所有窗体
```

运行结果如图 9.7 和图 9.8 所示。

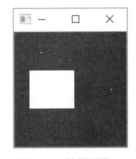 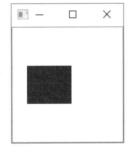

图 9.7　掩模图像　　图 9.8　调换之后的掩模图像

掩模在图像运算过程中充当了重要角色，通过掩模才能看到最直观的运算结果，接下来将详细介绍图像运算的相关内容。

9.2　图像的加法运算

图像中每一个像素都有用整数表示的像素值，2 幅图像相加就是让相同位置像素值相加，最后将计算结果按照原位置重新组成一幅新图像。原理如图 9.9 所示。

152	125	...			35	20	...			187	145	...
91	131	...	+		13	32	...	=		104	163	...
...	...	...			...	...	...			...	...	...

图 9.9　图像相加生成新像素

图 9.9 中 2 幅图像的左上角像素值相加的结果就是新图像左上角的像素值，计算过程如下：

152 + 35 = 187

在开发程序时通常不会使用"+"运算符对图像做加法运算，而是用 OpenCV 提供的 add()方法，该方法的语法如下：

```
dst = cv2.add(src1, src2, mask, dtype)
```

参数说明：
- ☑ src1：第一幅图像。
- ☑ src2：第二幅图像。
- ☑ mask：可选参数，掩模，建议使用默认值。
- ☑ dtype：可选参数，图像深度，建议使用默认值。

返回值说明：
- ☑ dst：相加之后的图像。如果相加之后值的结果大于 255，则取 255。

下面通过一个实例演示"+"运算符和 add()方法处理结果的不同。

【实例 9.2】 分别使用"+"和 add()方法计算图像和。（实例位置：资源包\TM\sl\9\02）

读取一幅图像，让该图像自己对自己做加法运算，分别使用"+"运算符和 add()方法，观查两者相加结果的不同，具体代码如下：

```
import cv2

img = cv2.imread("beach.jpg")              # 读取原始图像
sum1 = img + img                           # 使用"+"运算符相加
sum2 = cv2.add(img, img)                   # 使用 add()方法相加
cv2.imshow("img", img)                     # 展示原图
cv2.imshow("sum1", sum1)                   # 展示"+"运算符相加结果
cv2.imshow("sum2", sum2)                   # 展示 add()方法相加结果
cv2.waitKey()                              # 按下任何键盘按键后
cv2.destroyAllWindows()                    # 释放所有窗体
```

上述代码的运行结果如图 9.10 所示。从结果可以看出，"+"运算符的计算结果如果超出了 255，就会取相加和除以 255 的余数，也就是取模运算，像素值相加后反而变得更小，由浅色变成了深色；而 add()方法的计算结果如果超过了 255，就取值 255，很多浅颜色像素彻底变成了纯白色。

（a）原图　　　　　　　（b）"+"运算符的相加结果　　　　　（c）add()方法的相加结果

图 9.10　图像的加法运算效果

下面通过一个实例演示如何使用加运算修改图像颜色。

【实例 9.3】　模拟三色光叠加得白光。（实例位置：资源包\TM\sl\9\03）

颜料中的三原色为红、黄、蓝，这 3 种颜色混在一起变成黑色，而光学中的三原色为红、绿、蓝，这 3 种颜色混在一起变成白色。现在分别创建纯蓝、纯绿、纯红 3 种图像，取 3 幅图像的相加和，查看结果是黑色还是白色，具体代码如下：

```python
import cv2
import numpy as np

img1 = np.zeros((150, 150, 3), np.uint8)      # 创建 150×150 的 0 值图像
img1[:, :, 0] = 255                           # 蓝色通道赋予最大值
img2 = np.zeros((150, 150, 3), np.uint8)
img2[:, :, 1] = 255                           # 绿色通道赋予最大值
img3 = np.zeros((150, 150, 3), np.uint8)
img3[:, :, 2] = 255                           # 红色通道赋予最大值
cv2.imshow("1", img1)                         # 展示蓝色图像
cv2.imshow("2", img2)                         # 展示绿色图像
cv2.imshow("3", img3)                         # 展示红色图像
img = cv2.add(img1, img2)                     # 蓝色 + 绿色 = 青色
cv2.imshow("1+2", img)                        # 展示蓝色加绿色的结果
img = cv2.add(img, img3)                      # 红色 + 青色 = 白色
cv2.imshow("1+2+3", img)                      # 展示三色图像相加的结果
cv2.waitKey()                                 # 按下任何键盘按键后
cv2.destroyAllWindows()                       # 释放所有窗体
```

上述代码的运行结果如图 9.11～图 9.15 所示。蓝色加上绿色等于青色，青色再加上红色就等于白色，结果符合光学三原色的叠加原理。

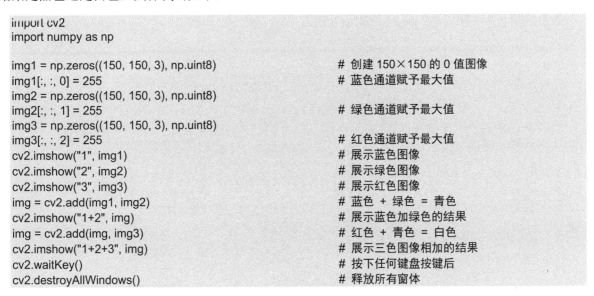

图 9.11　纯蓝　　　　　图 9.12　纯绿　　　　　图 9.13　纯红

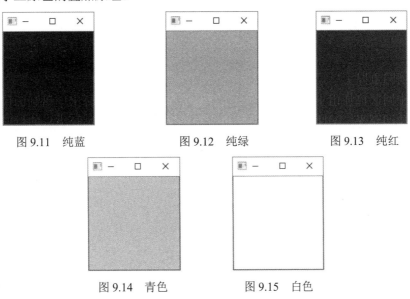

图 9.14　青色　　　　　图 9.15　白色

图像的加法运算中也可以使用掩模，下面通过一个实例介绍掩模的使用方法。

【实例 9.4】 利用掩模遮盖相加结果。（实例位置：资源包\TM\sl\9\04）

创建纯蓝和纯红 2 幅图像，使用 add()方法对 2 幅图像进行加法运算，并在方法中添加一个掩模，具体代码如下：

```python
import cv2
import numpy as np

img1 = np.zeros((150, 150, 3), np.uint8)        # 创建 150×150 的 0 值图像
img1[:, :, 0] = 255                             # 蓝色通道赋予最大值
img2 = np.zeros((150, 150, 3), np.uint8)
img2[:, :, 2] = 255                             # 红色通道赋予最大值

img = cv2.add(img1, img2)                       # 蓝色 + 红色 = 洋红色
cv2.imshow("no mask", img)                      # 展示相加的结果

m = np.zeros((150, 150, 1), np.uint8)           # 创建掩模
m[50:100, 50:100, :] = 255                      # 掩模中央位置为纯白色
cv2.imshow("mask", m)                           # 展示掩模

img = cv2.add(img1, img2, mask=m)               # 相加时使用掩模
cv2.imshow("use mask", img)                     # 展示相加的结果

cv2.waitKey()                                   # 按下任何键盘按键后
cv2.destroyAllWindows()                         # 释放所有窗体
```

上述代码的运行结果如图 9.16～图 9.18 所示，从结果可以看出，add()方法中如果使用了掩模参数，相加的结果只会保留掩模中白色覆盖的区域。

图 9.16 蓝色和红色相加的结果

图 9.17 掩模

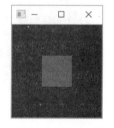
图 9.18 通过掩模相加的结果

9.3 图像的位运算

位运算是二进制数特有的运算操作。图像由像素组成，每个像素可以用十进制整数表示，十进制整数又可以转化为二进制数，所以图像也可以做位运算，并且位运算是图像数字化技术中一项重要的运算操作。

OpenCV 提供了几种常用的位运算方法，具体如表 9.1 所示。

表 9.1　OpenCV 提供的位运算方法

方　　法	含　　义
cv2.bitwise_and()	按位与
cv2.bitwise_or()	按位或
cv2.bitwise_not()	按位取反
cv2.bitwise_xor()	按位异或

接下来将详细介绍这些方法的含义及使用方式。

9.3.1　按位与运算

与运算就是按照二进制位进行判断，如果同一位的数字都是 1，则运算结果的相同位数字取 1，否则取 0。

OpenCV 提供 bitwise_and()方法来对图像做与运算，该方法的语法如下：

```
dst = cv2.bitwise_and(src1, src2, mask)
```

参数说明：
- ☑　src1：第一幅图像。
- ☑　src2：第二幅图像。
- ☑　mask：可选参数，掩模。

返回值说明：
- ☑　dst：与运算之后的图像。

图像做与运算时，会把每一个像素值都转为二进制数，然后让两幅图像相同位置的两个像素值做与运算，最后把运算结果保存在新图像的相同位置上，运算过程如图 9.19 所示。

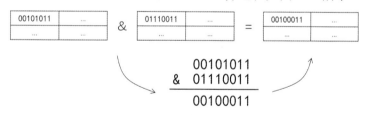

图 9.19　图像做与运算的过程

与运算有两个特点。

（1）如果某像素与纯白像素做与运算，结果仍然是某像素的原值，计算过程如下：

```
00101011 & 11111111 = 00101011
```

（2）如果某像素与纯黑像素做与运算，结果为纯黑像素，计算过程如下：

```
00101011 & 00000000 = 00000000
```

由此可以得出：如果原图像与掩模进行与运算，原图像仅保留掩模中白色区域覆盖的内容，其他区域全部变成黑色。下面通过一个实例演示掩模在与运算过程的作用。

【实例 9.5】 花图像与十字掩模做与运算。（实例位置：资源包\TM\sl\9\05）

创建一个掩模，在掩模中央保留一个十字形的白色区域，让掩模与花图像做与运算，具体代码如下：

```python
import cv2
import numpy as np

flower = cv2.imread("amygdalus triloba.png")      # 花原始图像
mask = np.zeros(flower.shape, np.uint8)           # 与花图像大小相等的掩模图像
mask[120:180, :, :] = 255                         # 水平的白色区域
mask[:, 80:180, :] = 255                          # 垂直的白色区域
img = cv2.bitwise_and(flower, mask)               # 与运算
cv2.imshow("flower", flower)                       # 展示花图像
cv2.imshow("mask", mask)                           # 展示掩模图像
cv2.imshow("img", img)                             # 展示与运算结果
cv2.waitKey()                                      # 按下任何键盘按键后
cv2.destroyAllWindows()                            # 释放所有窗体
```

上述代码的运行结果如图 9.20～图 9.22 所示，经过与运算之后，花图像仅保留了掩模中白色区域覆盖的内容，其他区域都变成了黑色。

图 9.20　花图像　　　　　　图 9.21　掩模图像　　　　　图 9.22　花图像与掩模图像与运算的效果

9.3.2　按位或运算

或运算也是按照二进制位进行判断，如果同一位的数字都是 0，则运算结果的相同位数字取 0，否则取 1。

OpenCV 提供 bitwise_or()方法来对图像做或运算，该方法的语法如下：

```python
dst = cv2.bitwise_or(src1, src2, mask)
```

参数说明：

☑　src1：第一幅图像。

☑　src2：第二幅图像。

☑　mask：可选参数，掩模。

返回值说明：

☑　dst：或运算之后的图像。

图像做或运算时的运算过程如图 9.23 所示。

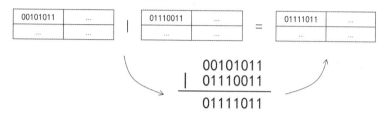

图 9.23　图像做或运算的过程

或运算有以下两个特点。

（1）如果某像素与纯白像素做或运算，结果为纯白像素，计算过程如下：

00101011 | 11111111 = 11111111

（2）如果某像素与纯黑像素做或运算，结果仍然是某像素的原值，计算过程如下：

00101011 | 00000000 = 00101011

由此可以得出：如果原图像与掩模进行或运算，原图像仅保留掩模中黑色区域覆盖的内容，其他区域全部变成白色。下面通过一个实例演示掩模在或运算过程中的作用。

【实例 9.6】　花图像与十字掩模做或运算。（实例位置：资源包\TM\sl\9\06）

创建一个掩模，在掩模中央保留一个十字形的白色区域，让掩模与花图像做或运算，具体代码如下：

```python
import cv2
import numpy as np

flower = cv2.imread("amygdalus triloba.png")        # 花原始图像
mask = np.zeros(flower.shape, np.uint8)             # 与花图像大小相等的掩模图像
mask[120:180, :, :] = 255                           # 水平的白色区域
mask[:, 80:180, :] = 255                            # 垂直的白色区域
img = cv2.bitwise_or(flower, mask)                  # 或运算
cv2.imshow("flower", flower)                        # 展示花图像
cv2.imshow("mask", mask)                            # 展示掩模图像
cv2.imshow("img", img)                              # 展示或运算结果
cv2.waitKey()                                       # 按下任何键盘按键后
cv2.destroyAllWindows()                             # 释放所有窗体
```

上述代码的运行结果如图 9.24 所示，经过或运算后，花图像仅保留了掩模中黑色区域覆盖的内容，其他区域都变成了白色。

（a）花图像　　　　　　　　（b）掩模图像　　　　　（c）花图像与掩模图像或运算效果

图 9.24　图像或运算效果

9.3.3　按位取反运算

取反运算是一种单目运算，仅需一个数字参与运算就可以得出结果。取反运算也是按照二进制位进行判断，如果运算数某位上数字是 0，则运算结果的相同位的数字就取 1，如果这一位的数字是 1，则运算结果的相同位的数字就取 0。

OpenCV 提供 bitwise_not()方法来对图像做取反运算，该方法的语法如下：

```
dst = cv2.bitwise_not(src, mask)
```

参数说明：

☑　src：参与运算的图像。

☑　mask：可选参数，掩模。

返回值说明：

☑　dst：取反运算之后的图像。

图像做取反运算的过程如图 9.25 所示。

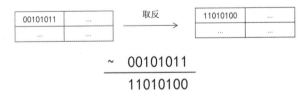

图 9.25　图像做取反运算的过程

图像经过取反运算后呈现与原图颜色完全相反的效果，下面通过一个实例演示掩膜在取反运算过程中的作用。

【实例 9.7】　对花图像进行取反运算。（实例位置：资源包\TM\sl\9\07）

对花图像进行取反运算，具体代码如下：

```
import cv2
flower = cv2.imread("amygdalus triloba.png")          # 花原始图像
img = cv2.bitwise_not(flower)                          # 取反运算
cv2.imshow("flower", flower)                           # 展示花图像
cv2.imshow("img", img)                                 # 展示取反运算结果
cv2.waitKey()                                          # 按下任何键盘按键后
cv2.destroyAllWindows()                                # 释放所有窗体
```

上述代码的运行结果如图 9.26 所示。

 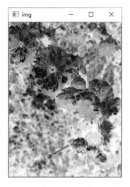

（a）花图像　　　　　（b）花图像取反运算的效果

图 9.26　图像取反运算的效果

9.3.4　按位异或运算

异或运算也是按照二进制位进行判断，如果两个运算数同一位上的数字相同，则运算结果的相同位数字取 0，否则取 1。

OpenCV 提供 bitwise_xor()方法对图像做异或运算，该方法的语法如下：

```
dst = cv2.bitwise_xor(src, mask)
```

参数说明：

☑　src：参与运算的图像。

☑　mask：可选参数，掩模。

返回值说明：

☑　dst：异或运算之后的图像。

图像做异或运算的过程如图 9.27 所示。

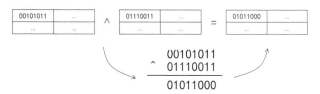

图 9.27　图像做异或运算的过程

异或运算有两个特点。

（1）如果某像素与纯白像素做异或运算，结果为原像素的取反结果，计算过程如下：

00101011 ^ 11111111 = 11010100

（2）如果某像素与纯黑像素做异或运算，结果仍然是某像素的原值，计算过程如下：

00101011 ^ 00000000 = 00101011

由此可以得出：如果原图像与掩模进行异或运算，掩模白色区域覆盖的内容呈现取反效果，黑色区域覆盖的内容保持不变。下面通过一个实例演示掩模在异或运算过程的作用。

【实例 9.8】　花图像与十字掩模做异或运算。（实例位置：资源包\TM\sl\9\08）

创建一个掩模，在掩模中央保留一个十字形的白色区域，让掩模与花图像做异或运算，具体代码如下：

```python
import cv2
import numpy as np
flower = cv2.imread("amygdalus triloba.png")       # 花原始图像
m = np.zeros(flower.shape, np.uint8)               # 与花图像大小相等的 0 值图像
m[120:180, :, :] = 255                             # 水平的白色区域
m[:, 80:180, :] = 255                              # 垂直的白色区域
img = cv2.bitwise_xor(flower, m)                   # 两张图像做异或运算
cv2.imshow("flower", flower)                       # 展示花图像
cv2.imshow("mask", m)                              # 展示零值图像
cv2.imshow("img", img)                             # 展示异或运算结果
cv2.waitKey()                                      # 按下任何键盘按键后
cv2.destroyAllWindows()                            # 释放所有窗体
```

运算结果如图 9.28 所示，掩模白色区域覆盖的内容与原图像做取反运算的结果一致，掩模黑色区域覆盖的内容保持不变。

（a）花图像　　　　　（b）与花图像做运算的值图像　　　　（c）两幅图像的异或运算效果

图 9.28　图像异或运算效果

异或运算还有一个特点：执行一次异或运算得到一个结果，再对这个结果执行第二次异或运算，

则还原成最初的值。利用这个特点可以实现对图像内容的加密和解密。下面通过一个实例，利用异或运算的特点对图像数据进行加密和解密。

【实例 9.9】 对图像进行加密、解密。（实例位置：资源包\TM\sl\9\09）

利用 numpy.random.randint()方法创建一个随机像素值图像作为密钥图像，让密钥图像与原始图像做异或运算得出加密图像，再使用密钥图像对加密图像进行解密，具体代码如下：

```python
import cv2
import numpy as np

def encode(img, img_key):                              # 加密、解密方法
    result = img = cv2.bitwise_xor(img, img_key)       # 两图像做异或运算
    return result

flower = cv2.imread("amygdalus triloba.png")           # 花原始图像
rows, colmns, channel = flower.shape                   # 原图像的行数、列数和通道数
# 创建与花图像大小相等的随机像素图像，作为密钥图像
img_key = np.random.randint(0, 256, (rows, colmns, 3), np.uint8)

cv2.imshow("1", flower)                                # 展示花图像
cv2.imshow("2", img_key)                               # 展示密钥图像

result = encode(flower, img_key)                       # 对花图像进行加密
cv2.imshow("3", result)                                # 展示加密图像
result = encode(result, img_key)                       # 对花图像进行解密
cv2.imshow("4", result)                                # 展示加密图像
cv2.waitKey()                                          # 按下任何键盘按键后
cv2.destroyAllWindows()                                # 释放所有窗体
```

上述代码的运行结果如图 9.29 所示。

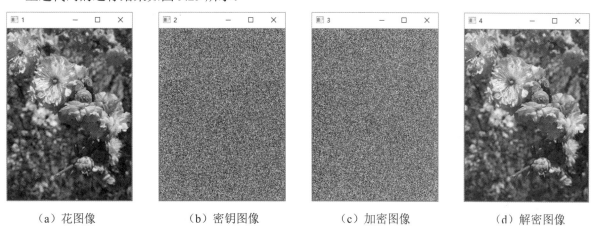

（a）花图像   （b）密钥图像   （c）加密图像   （d）解密图像

图 9.29 图像加密、解密效果

9.4 合并图像

在处理图像时经常会遇到需要将两幅图像合并成一幅图像，合并图像也分 2 种情况：①两幅图像融合在一起；②每幅图像提供一部分内容，将这些内容拼接成一幅图像。OpenCV 分别用加权和和覆盖两种方式来满足上述需求。本节将分别介绍如何利用代码实现加权和和覆盖效果。

9.4.1 加权和

多次曝光技术是指在一幅胶片上拍摄几个影像，最后冲印出的相片同时具有多个影像的信息。

OpenCV 通过计算加权和的方式，按照不同的权重取两幅图像的像素之和，最后组成新图像。加权和不会像纯加法运算那样让图像丢失信息，而是在尽量保留原有图像信息的基础上把两幅图像融合到一起。

OpenCV 通过 addWeighted()方法计算图像的加权和，该方法语法如下：

```
dst = cv2.addWeighted(src1, alpha, src2, beta, gamma)
```

参数说明：

- ☑ src1：第一幅图像。
- ☑ alpha：第一幅图像的权重。
- ☑ src2：第二幅图像。
- ☑ beta：第二幅图像的权重。
- ☑ gamma：在和结果上添加的标量。该值越大，结果图像越亮，相反则越暗。可以是负数。

返回值说明：

- ☑ dst：加权和后的图像。

下面通过一个实例演示 addWeighted()方法的效果。

【实例 9.10】 利用计算加权和的方式实现多次曝光效果。（实例位置：资源包\TM\sl\9\10）

读取两幅不同的风景照片，使用 addWeighted()方法计算两幅图像的加权和，两幅图像的权重都为 0.6，标量为 0，查看处理之后的图像是否为多次曝光效果，具体代码如下：

```
import cv2
sun = cv2.imread("sunset.jpg")                       # 日落原始图像
beach = cv2.imread("beach.jpg")                      # 沙滩原始图像
rows, colmns, channel = sun.shape                    # 日落图像的行数、列数和通道数
beach = cv2.resize(beach, (colmns, rows))            # 沙滩图像缩放成日落图像大小
img = cv2.addWeighted(sun, 0.6, beach, 0.6, 0)       # 计算两幅图像加权和
cv2.imshow("sun", sun)                               # 展示日落图像
cv2.imshow("beach", beach)                           # 展示沙滩图像
```

```
cv2.imshow("addWeighted", img)              # 展示加权和图像
cv2.waitKey()                               # 按下任何键盘按键后
cv2.destroyAllWindows()                     # 释放所有窗体
```

上述代码的运行结果如图 9.30～图 9.32 所示，可以看出最后得到的图像中同时包含两幅图像的信息。

图 9.30 日落图像

图 9.31 沙滩图像

图 9.32 两幅图像加权和的结果

9.4.2 覆盖

覆盖图像就是直接把前景图像显示在背景图像中，前景图像挡住背景图像。覆盖之后背景图像会丢失信息，不会出现加权和那样的“多次曝光”效果。

OpenCV 没有提供覆盖操作的方法，开发者可以直接用修改图像像素值的方式实现图像的覆盖、拼接效果：从 A 图像中取像素值，直接赋值给 B 图像的像素，这样就能在 B 图像中看到 A 图像的信息了。

下面通过一个实例来演示如何从前景图像中抠图，再将抠出的图像覆盖在背景图像中。

【实例 9.11】 将小猫图像覆盖到沙滩图像上。（实例位置：资源包\TM\sl\9\11）

读取小猫原始图像，将原始图像中 75～400 行、120～260 列的像素单独保存成一幅小猫图像，并将小猫图像缩放成 70×160 大小。读取沙滩图像，将小猫图像覆盖到沙滩图像(100, 200)的坐标位置。覆盖过程中将小猫图像的像素逐个赋值给沙滩图像中对应位置的像素，具体代码如下：

```
import cv2

beach_img = cv2.imread("beach.jpg")         # 沙滩原始图像
cat_img = cv2.imread("cat.jpg")             # 小猫原始图像
cat = cat_img[75:400, 120:260, :]           # 截取 75～400 行、120～260 列的像素值组成的图像
cat = cv2.resize(cat, (70, 160))            # 将截取出的图像缩放成 70×160 大小
cv2.imshow("cat", cat_img)                  # 展示小猫原始图像
cv2.imshow("cat2", cat)                     # 展示截取并缩放的小猫图像
cv2.imshow("beach", beach_img)              # 展示沙滩原始图像
rows, colmns, channel = cat.shape           # 记录截取图像的行数和列数
# 将沙滩中一部分像素改成截取之后的图像
beach_img[100:100 + rows, 260:260 + colmns, :] = cat
cv2.imshow("beach2", beach_img)             # 展示修改之后的图像
```

```
cv2.waitKey()                                          # 按下任何键盘按键后
cv2.destroyAllWindows()                                # 释放所有窗体
```

运行结果如图 9.33 所示，沙滩图像中的像素被替换成小猫之后，就可实现类似拼接图像的效果。

（a）小猫图像　　　　　　　　　　　　（b）截取并缩放的小猫图像

（c）沙滩图像　　　　　　　　　　　　（d）替换像素值之后的图像

图 9.33　覆盖图像效果

如果前景图像是 4 通道（含 alpha 通道）图像，就不能使用上面例子中直接替换整个区域的方式覆盖背景图像了。因为前景图像中有透明的像素，透明的像素不应该挡住背景，所以在给背景图像像素赋值时应排除所有透明的前景像素。下面通过一个实例来演示如何在覆盖过程中排除 4 通道图像的透明区域。

【实例 9.12】　拼接禁止吸烟图像。（实例位置：资源包\TM\sl\9\12）

禁止图像由一个红圈和一个斜杠组成，这个图像是 4 通道图像，格式为 PNG。将禁止图像覆盖到吸烟图像上时要注意：不要把前景图像的透明像素覆盖到背景图像上。覆盖之前要遍历前景图像中的每一个像素，如果像素的 alpha 通道值为 0，表示该像素是透明像素，就要停止操作该像素，实现的具体代码如下：

```
import cv2

# 拼接图像方法
```

```
def overlay_img(img, img_over, img_over_x, img_over_y):
    img_h, img_w, img_p = img.shape                              # 背景图像宽、高、通道数
    img_over_h, img_over_w, img_over_c = img_over.shape          # 覆盖图像宽、高、通道数
    if img_over_c <= 3:                                          # 通道数小于等于 3
        img_over = cv2.cvtColor(img_over, cv2.COLOR_BGR2BGRA)    # 转换成 4 通道图像
    for w in range(0, img_over_w):                               # 遍历列
        for h in range(0, img_over_h):                          # 遍历行
            if img_over[h, w, 3] != 0:                          # 如果不是全透明的像素
                for c in range(0, 3):                          # 遍历 3 个通道
                    x = img_over_x + w                          # 覆盖像素的横坐标
                    y = img_over_y + h                          # 覆盖像素的纵坐标
                    if x >= img_w or y >= img_h:                # 如果坐标超出最大宽、高
                        break
                    img[y, x, c] = img_over[h, w, c]            # 覆盖像素
    return img

smoking = cv2.imread("smoking.png", cv2.IMREAD_UNCHANGED)        # 吸烟图像，保持原格式
no_img = cv2.imread("no.png", cv2.IMREAD_UNCHANGED)             # 禁止图像，保持原格式
cv2.imshow("smoking", smoking)                                  # 展示禁止图像
img = overlay_img(smoking, no_img, 95, 90)                      # 将禁止图像覆盖到吸烟图像之上
cv2.imshow("no smoking", img)                                   # 展示覆盖结果
cv2.waitKey()                                                   # 按下任何键盘按键后
cv2.destroyAllWindows()                                         # 释放所有窗体
```

上述代码的运行结果如图 9.34～图 9.36 所示，禁止图像的透明位置没有挡住吸烟图像。

图 9.34　禁止图像

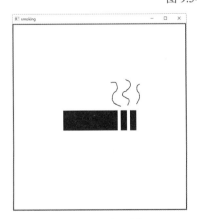

图 9.35　吸烟图像

图 9.36　2 幅图像拼接之后的禁止吸烟图像

9.5 小　　结

　　读者朋友要明确关于掩模的 3 个问题：0 和 255 这 2 个值在掩模中各自发挥的作用；通过这 2 个值，掩模的作用又是什么；如何创建一个掩模。掌握了掩模后，就能够利用掩模遮盖图像相加后的结果。掩模除了应用于图像的加法运算外，还应用于图像的位运算。一个掩模应用于图像的位运算的典型实例就是对图像进行加密、解密。本章除了上述内容，还讲解了合并图像的 2 种方式：加权和、覆盖。读者朋友要熟练掌握这两种方式。

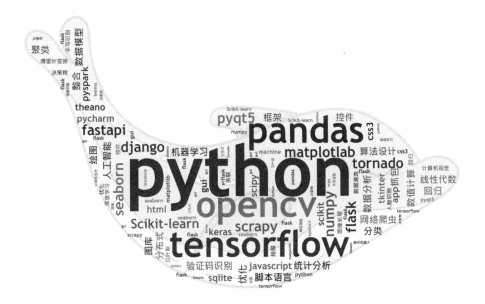

第 3 篇　进阶篇

本篇的内容较多，包含了 6 章内容，分别是模板匹配、滤波器、腐蚀与膨胀、图形检测、视频处理以及人脸检测和人脸识别。这 6 章内容虽然相对独立，但是在实际开发的过程中，是相辅相成、相得益彰的。

第 10 章

模 板 匹 配

模板匹配是一种最原始、最基本的识别方法，可以在原始图像中寻找特定图像的位置。模板匹配经常应用于简单的图像查找场景中，例如，在集体合照中找到某个人的位置。本章将介绍如何利用 OpenCV 实现模板匹配。

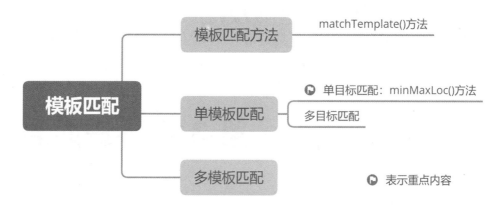

10.1　模板匹配方法

模板是被查找目标的图像，查找模板在原始图像中的哪个位置的过程就叫模板匹配。OpenCV 提供的 matchTemplate() 方法就是模板匹配方法，其语法如下：

```
result = cv2.matchTemplate(image, templ, method, mask)
```

参数说明：
- ☑ image：原始图像。
- ☑ templ：模板图像，尺寸必须小于或等于原始图像。
- ☑ method：匹配的方法，可用参数值如表 10.1 所示。

表 10.1　匹配方法的参数值

参　数　值	值	含　　义
cv2.TM_SQDIFF	0	差值平方和匹配，也叫平方差匹配。可以理解为差异程度。匹配程度越高，计算结果越小。完全匹配的结果为 0
cv2.TM_SQDIFF_NORMED	1	标准差值平方和匹配，也叫标准平方差匹配，规则同上
cv2.TM_CCORR	2	相关匹配。可以理解为相似程度，匹配程度越高，计算结果越大
cv2.TM_CCORR_NORMED	3	标准相关匹配，规则同上
cv2.TM_CCOEFF	4	相关系数匹配，也属于相似程度，计算结果为-1～1 的浮点数，1 表示完全匹配，0 表示毫无关系，-1 表示 2 张图片亮度刚好相反
cv2.TM_CCOEFF_NORMED	5	标准相关系数匹配，规则同上

☑　mask：可选参数。掩模，只有 cv2.TM_SQDIFF 和 cv2.TM_CCORR_NORMED 支持此参数，建议采用默认值。

返回值说明：

☑　result：计算得出的匹配结果。如果原始图像的宽、高分别为 W、H，模板图像的宽、高分别为 w、h，result 就是一个 $W-w+1$ 列、$H-h+1$ 行的 32 位浮点型数组。数组中每一个浮点数都是原始图像中对应像素位置的匹配结果，其含义需要根据 method 参数来解读。

在模板匹配的计算过程中，模板会在原始图像中移动。模板与重叠区域内的像素逐个对比，最后将对比的结果保存在模板左上角像素点索引位置对应的数组位置中。计算过程如图 10.1 所示。

匹配度：　低　低　低　低　高　低

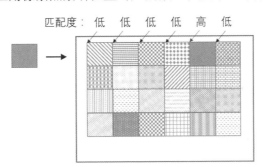

图 10.1　模板在原始图像中移动并逐个匹配

使用 cv2.TM_SQDIFF（平方差匹配）方法计算出的数组格式如下（其他方法计算出的数组格式相同，仅数值不同）：

```
[[0.10165964 0.10123613 0.1008469  ... 0.10471864 0.10471849 0.10471849]
 [0.10131165 0.10087635 0.10047968 ... 0.10471849 0.10471834 0.10471849]
 [0.10089004 0.10045089 0.10006084 ... 0.10471849 0.10471819 0.10471849]
 ...
 [0.16168603 0.16291814 0.16366465 ... 0.12178455 0.12198001 0.12187888]
 [0.15859096 0.16000605 0.16096526 ... 0.12245651 0.12261643 0.12248362]
 [0.15512456 0.15672517 0.15791312 ... 0.12315679 0.1232616  0.12308815]]
```

模板将原始图像中每一块区域都覆盖一遍，但结果数组的行、列数并不等于原始图像的像素的行、列数。假设模板的宽为 w，高为 h，原始图像的宽为 W，高为 H，如图 10.2 所示。

模板移动到原始图像的边缘之后就不会继续移动了，所以模板的移动区域如图 10.3 所示，该区域的边长为"原始图像边长 - 模板边长 +1"，最后加 1 是因为移动区域内的上下、左右的 2 个边都被模板覆盖到了，如果不加 1 会丢失数据。

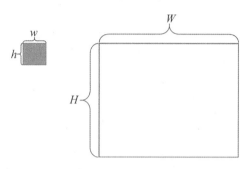

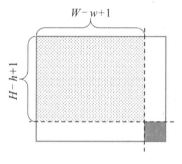

图 10.2 模板和原始图像的宽、高   图 10.3 模板移动的范围

10.2 单模板匹配

匹配过程中只用到一个模板场景叫单模板匹配。原始图像中可能只有一个和模板相似的图像，也可能有多个。如果只获取匹配程度最高的那一个结果，这种操作叫作单目标匹配。如果需要同时获取所有匹配程度较高的结果，这种操作叫作多目标匹配。

10.2.1 单目标匹配

单目标匹配只获取一个结果即可，就是匹配程度最高的结果（如果使用平方差匹配，则为计算出的最小结果；如果使用相关匹配或相关系数匹配，则为计算出的最大结果）。本节以平方差匹配为例介绍。

matchTemplate()方法的计算结果是一个二维数组，OpenCV 提供了一个 minMaxLoc()方法专门用来解析这个二维数组中的最大值、最小值以及这 2 个值对应的坐标，minMaxLoc()方法的语法如下：

```
minValue, maxValue, minLoc, maxLoc = cv2.minMaxLoc(src, mask)
```

参数说明：

- ☑ src：matchTemplate()方法计算得出的数组。
- ☑ mask：可选参数，掩模，建议使用默认值。

返回值说明：

- ☑ minValue：数组中的最小值。
- ☑ maxValue：数组中的最大值。
- ☑ minLoc：最小值的坐标，格式为(x, y)。
- ☑ maxLoc：最大值的坐标，格式为(x, y)。

平方差匹配的计算结果越小，匹配程度越高。minMaxLoc()方法返回的 minValue 值就是模板匹配的最优结果，minLoc 就是最优结果区域左上角的点坐标，区域大小与模板大小一致。

【实例 10.1】　为原始图片中匹配成功的区域绘制红框。（实例位置：资源包\TM\sl\10\01）

将图 10.4 作为模板，将图 10.5 作为原始图像，使用 cv2.TM_SQDIFF_NORMED 方式进行模板匹配，在原始图像中找到与模板一样的图案，并在该图案上绘制红色方框。

图 10.4　模板　　　　　　　　　　　　　　　　图 10.5　原始图片

具体代码如下：

```python
import cv2

img = cv2.imread("background.jpg")                              # 读取原始图像
templ = cv2.imread("template.png")                             # 读取模板图像
height, width, c = templ.shape                                 # 获取模板图像的高、宽和通道数
results = cv2.matchTemplate(img, templ, cv2.TM_SQDIFF_NORMED)  # 按照标准平方差方式匹配
# 获取匹配结果中的最小值、最大值、最小值坐标和最大值坐标
minValue, maxValue, minLoc, maxLoc = cv2.minMaxLoc(results)
resultPoint1 = minLoc                                          # 将最小值坐标当作最佳匹配区域的左上角点坐标
# 计算出最佳匹配区域的右下角点坐标
resultPoint2 = (resultPoint1[0] + width, resultPoint1[1] + height)
# 在最佳匹配区域位置绘制红色方框，线宽为 2 像素
cv2.rectangle(img, resultPoint1, resultPoint2, (0, 0, 255), 2)
cv2.imshow("img", img)                                         # 显示匹配的结果
cv2.waitKey()                                                  # 按下任何键盘按键后
cv2.destroyAllWindows()                                        # 释放所有窗体
```

上述代码的运行结果如图 10.6 所示。

在许多综艺节目里，导演组给选手们一幅图像，让选手在指定区域内寻找图像中的某一静物。为了增加游戏难度，导演组可能会让选手们从 2 个或者多个相似的场景中选择最佳的匹配结果。接下来，使用模板匹配的相应方法模拟这个游戏。

【实例 10.2】　从 2 幅图像中选择最佳的匹配结果。（实例位置：资源包\TM\sl\10\02）

将图 10.7 作为模板，将图 10.8 和图 10.9 作为原始图像，使用

图 10.6　模板匹配的效果

cv2.TM_SQDIFF_NORMED 方式进行模板匹配，在 2 幅原始图像中找到与模板匹配结果最好的图像，并在窗口中显示出来。

图 10.7　模板

图 10.8　原始图像 221

图 10.9　原始图像 222

具体代码如下：

```python
import cv2

image = []                                      # 存储原始图像的列表
# 向 image 列表添加原始图像 image_221.png
image.append(cv2.imread("image_221.png"))
# 向 image 列表添加原始图像 image_222.png
image.append(cv2.imread("image_222.png"))
templ = cv2.imread("templ.png")                 # 读取模板图像
index = -1                                      # 初始化车位编号列表的索引为-1
min = 1
for i in range(0, len(image)):                  # 循环匹配 image 列表中的原始图像
    # 按照标准平方差方式匹配
    results = cv2.matchTemplate(image[i], templ, cv2.TM_SQDIFF_NORMED)
    # 获得最佳匹配结果的索引
    if min > any(results[0]):
        index = i
cv2.imshow("result", image[index])              # 显示最佳匹配结果
cv2.waitKey()                                   # 按下任何键盘按键后
cv2.destroyAllWindows()                         # 释放所有窗体
```

上述代码的运行结果如图 10.10 所示。

图 10.10　从 2 幅图像中选择最佳的匹配结果

　　网速的提升让容量较大的文件更容易在互联网上传播，最明显结果就是现在用户计算机里被堆满了各种各样的图像文件。

　　图像文件与其他文件不同，相同内容的图像可能保存在不同大小、不同格式的文件中，这些文件的二进制字节码差别较大，很难用简单的程序识别。在没有高级识别软件的情况下想要找出内容相同

的图像就只能一个一个打开用肉眼识别了。

OpenCV 能够打破图像文件规格、格式的限制来识别图像内容。

【实例 10.3】　查找重复的图像。（实例位置：资源包\TM\sl\10\03）

图 10.11 所示的文件夹中有 10 幅图像，这些图像不仅有 JPG 格式的，还有 PNG 格式的，而且这些图像的分辨率也各不相同。接卜来将编写一个程序，在该文件夹中找出哪些是重复的照片。

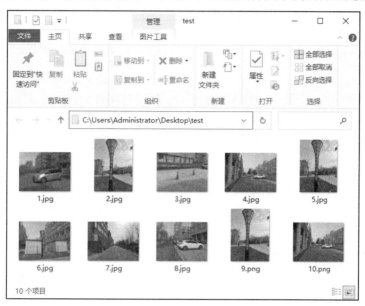

图 10.11　文件夹中的所有照片文件

想要解决这个问题，可以使用 OpenCV 提供的 matchTemplate()方法来判断 2 幅图像的相似度，如果相似度大于 0.9，就认为这 2 幅图像是相同的。

具体代码如下：

```python
import cv2
import os
import sys

PIC_PATH = "C:\\Users\\Administrator\\Desktop\\test\\"      # 照片文件夹地址
width, height = 100, 100                                     # 缩放比例

pic_file = os.listdir(PIC_PATH)                              # 所有照片文件列表
same_pic_index = []                                          # 相同图像的索引列表
imgs = []                                                   # 缩放后的图像对象列表
has_same = set()                                            # 相同图像的集合
count = len(pic_file)                                       # 照片数量

if count == 0:                                              # 如果照片数量为零
    print("没有图像")
    sys.exit(0)                                            # 停止程序
```

```
for file_name in pic_file:                                          # 遍历照片文件
    pic_name = PIC_PATH + file_name                                 # 拼接完整文件名
    img = cv2.imread(pic_name)                                      # 创建文件的图像
    img = cv2.resize(img, (width, height))                          # 缩放成统一大小
    imgs.append(img)                                                # 按文件顺序保存图像对象

for i in range(0, count - 1):                                       # 遍历所有图像文件, 不遍历最后一个图像
    if i in has_same:                                               # 如果此图像已经找到相同的图像
        continue                                                    # 跳过
    templ = imgs[i]                                                 # 取出模板图像
    same = [i]                                                      # 与 templ 内容相同的图像索引列表
    for j in range(0 + i + 1, count):                              # 从 templ 的下一个位置开始遍历
        if j in has_same:                                           # 如果此图像已经找到相同的图像
            continue                                                # 跳过
        pic = imgs[j]                                               # 取出对照图像
        results = cv2.matchTemplate(pic, templ, cv2.TM_CCOEFF_NORMED)     # 比较 2 幅图像相似度
        if results > 0.9:                                           # 如果相似度大于 90%, 认为是同一张照片
            same.append(j)                                          # 记录对照图像的索引
            has_same.add(i)                                         # 模板图像已找到相同图像
            has_same.add(j)                                         # 对照图像已找到相同图像
    if len(same) > 1:                                               # 如果模板图像找到了至少一幅与自己相同的图像
        same_pic_index.append(same)                                # 记录相同图像的索引

for same_list in same_pic_index:                                    # 遍历所有相同图像的索引
    text = "相同的照片: "
    for same in same_list:
        text += str(pic_file[same]) + ", "                         # 拼接文件名
    print(text)
```

上述代码的运行结果如下:

```
相同的照片: 10.png, 4.jpg,
相同的照片: 2.jpg, 5.jpg, 9.png,
```

10.2.2 多目标匹配

多目标匹配需要将原始图像中所有与模板相似的图像都找出来, 使用相关匹配或相关系数匹配可以很好地实现这个功能。如果计算结果大于某值 (例如 0.999), 则认为匹配区域的图案和模板是相同的。

【实例 10.4】 为原始图片中所有匹配成功的图案绘制红框。(实例位置: 资源包\TM\sl\10\04)

将图 10.12 作为模板, 将图 10.13 作为原始图像。原始图像中有很多重复的图案, 每一个与模板相似的图案都需要被标记出来。

图 10.12　模板　　　　　　图 10.13　包含重复内容的原始图像

使用 cv2.TM_CCOEFF_NORMED 方法进行模板匹配，使用 for 循环遍历 matchTemplate()方法返回的结果，找到所有大于 0.99 的计算结果，在这些结果的对应区域位置绘制红色矩形边框。编写代码时要注意：数组的列数在图像坐标系中为横坐标，数组的行数在图像坐标系中为纵坐标。

具体代码如下：

```
import cv2

img = cv2.imread("background2.jpg")                      # 读取原始图像
templ = cv2.imread("template.png")                       # 读取模板图像
height, width, c = templ.shape                           # 获取模板图像的高、宽和通道数
results = cv2.matchTemplate(img, templ, cv2.TM_CCOEFF_NORMED)   # 按照标准相关系数匹配
for y in range(len(results)):                            # 遍历结果数组的行
    for x in range(len(results[y])):                     # 遍历结果数组的列
        if results[y][x] > 0.99:  # 如果相关系数大于 0.99 则认为匹配成功
            # 在最佳匹配结果位置绘制红色方框
            cv2.rectangle(img, (x, y), (x + width, y + height), (0, 0, 255), 2)
cv2.imshow("img", img)                                   # 显示匹配的结果
cv2.waitKey()                                            # 按下任何键盘按键后
cv2.destroyAllWindows()                                  # 释放所有窗体
```

上述代码的运行结果如图 10.14 所示，程序找到了 3 处与模板相似的图案。

图 10.14　匹配结果

多目标匹配在实际生活中有很多应用场景。例如，统计一条快轨线路的站台总数；同一地点附近有 2 个地铁站，优先选择直线距离最短的地铁站等。

【实例 10.5】 统计一条快轨线路的站台总数。（实例位置：资源包\TM\sl\10\05）

将图 10.15 作为模板，图 10.16 作为原始图像，在原始图像中标记快轨线路各个站台，统计这条快轨线路的站台总数。

图 10.15　模板　　　　　　　　　　图 10.16　原始图像

使用 cv2.TM_CCOEFF_NORMED 方法进行模板匹配，使用 for 循环遍历 matchTemplate()方法返回的结果，找到所有大于 0.99 的计算结果，在这些结果的对应区域位置绘制蓝色矩形边框，代码如下：

```python
import cv2

image = cv2.imread("image.png")                      # 读取原始图像
templ = cv2.imread("templ.png")                      # 读取模板图像
height, width, c = templ.shape                       # 获取模板图像的高、宽和通道数
results = cv2.matchTemplate(image, templ, cv2.TM_CCOEFF_NORMED)     # 按照标准相关系数匹配
station_Num = 0                                       # 初始化快轨的站台个数为 0
for y in range(len(results)):                        # 遍历结果数组的行
    for x in range(len(results[y])):                 # 遍历结果数组的列
        if results[y][x] > 0.99:                     # 如果相关系数大于 0.99 则认为匹配成功
            # 在最佳匹配结果位置绘制蓝色矩形边框
            cv2.rectangle(image, (x, y), (x + width, y + height), (255, 0, 0), 2)
            station_Num += 1                         # 快轨的站台个数加 1
cv2.putText(image, "the numbers of stations: " + str(station_Num), (0, 30),
        cv2.FONT_HERSHEY_COMPLEX_SMALL, 1, (0, 0, 255), 1)    # 在原始图像绘制快轨站台的总数
cv2.imshow("result", image)                          # 显示匹配的结果
cv2.waitKey()                                        # 按下任何键盘按键后
cv2.destroyAllWindows()                              # 释放所有窗体
```

上述代码的运行结果如图 10.17 所示。

实例 10.5 第 6 行中的 results 包含所有蓝色矩形边框左上角的横、纵坐标。利用这一特点，还可以模拟"同一地点附近有 2 个地铁站，优先选择直线距离最短的地铁站"这一生活场景，模板如图 10.18 所示。

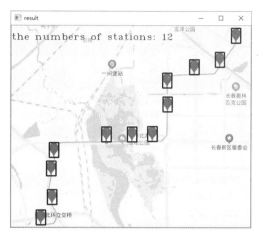

图 10.17　统计一条快轨线路的站台总数

【实例 10.6】　**优先选择直线距离最短的地铁站。**（实例位置：资源包\TM\sl\10\06）

如图 10.19 所示，坐标为(62, 150)的地点附近有人民广场和解放大路两个地铁站，如何优先选择直线距离最短的地铁站呢？首先将图 10.18 作为模板，将图 10.19 作为原始图像，然后在原始图像中标记出这两个地铁站，最后计算并比较坐标为(62, 150)这个地点与这两个地铁站的直线距离。

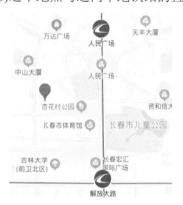

图 10.18　模板　　　　　　　　　　图 10.19　原始图像

使用 cv2.TM_CCOEFF_NORMED 方法进行模板匹配，使用 for 循环遍历 matchTemplate()方法返回的结果，找到所有大于 0.99 的计算结果，在这些结果的对应区域位置绘制蓝色矩形边框，分别计算(62, 150)到蓝色矩形边框左上角的距离，用绿色线段标记出直线距离最短的地铁站，代码如下：

```
import cv2
import numpy as np
import math

image = cv2.imread("image.png")                                    # 读取原始图像
templ = cv2.imread("templ.png")                                    # 读取模板图像
height, width, c = templ.shape                                     # 获取模板图像的高、宽和通道数
results = cv2.matchTemplate(image, templ, cv2.TM_CCOEFF_NORMED)    # 按照标准相关系数匹配
point_X = []        # 用于存储最佳匹配结果左上角横坐标的列表
point_Y = []        # 用于存储最佳匹配结果左上角纵坐标的列表
```

```
for y in range(len(results)):                    # 遍历结果数组的行
    for x in range(len(results[y])):             # 遍历结果数组的列
        if results[y][x] > 0.99:                 # 如果相关系数大于 0.99 则认为匹配成功
            # 在最佳匹配结果位置绘制蓝色方框
            cv2.rectangle(image, (x, y), (x + width, y + height), (255, 0, 0), 2)
            point_X.extend([x])                  # 把最佳匹配结果左上角的横坐标添加到列表中
            point_Y.extend([y])                  # 把最佳匹配结果左上角的纵坐标添加到列表中
# 出发点的横、纵坐标
start_X = 62
start_Y = 150
# 计算出发点到人民广场地铁站的距离
place_Square = np.array([point_X[0], point_Y[0]])
place_Start = np.array([start_X, start_Y])
minus_SS = place_Start - place_Square
start_Square = math.hypot(minus_SS[0], minus_SS[1])
# 计算出发点到解放大路地铁站的距离
place_Highroad = np.array([point_X[1], point_Y[1]])
minus_HS = place_Highroad - place_Start
start_Highroad = math.hypot(minus_HS[0], minus_HS[1])
# 用绿色的线画出距离较短的路线
if start_Square < start_Highroad:
    cv2.line(image, (start_X, start_Y), (point_X[0], point_Y[0]), (0, 255, 0), 2)
else:
    cv2.line(image, (start_X, start_Y), (point_X[1], point_Y[1]), (0, 255, 0), 2)
cv2.imshow("result", image)   # 显示匹配的结果
cv2.waitKey()   # 按下任何键盘按键后
cv2.destroyAllWindows()   # 释放所有窗体
```

上述代码的运行结果如图 10.20 所示。

图 10.20　优先选择直线距离最短的地铁站

10.3　多模板匹配

匹配过程中同时查找多个模板的操作叫多模板匹配。多模板匹配实际上就是进行了 *n* 次 "单模板多目标匹配" 操作，*n* 的数量为模板总数。

【实例 10.7】 同时匹配 3 个不同的模板。（实例位置：资源包\TM\sl\10\07）

将图 10.21～图 10.23 作为模板，将图 10.24（a）作为原始图像。

图 10.21 模板 1

图 10.22 模板 2

图 10.23 模板 3

每一个模板都要做一次"单模板多目标匹配"，最后把所有模板的匹配结果汇总到一起。"单模板多目标匹配"的过程可以封装成一个方法，方法参数为模板和原始图像，方法内部将计算结果再加工一下，直接返回所有红框左上角和右下角两点横纵坐标的列表。在方法之外，将所有模板计算得出的坐标汇总到一个列表中，按照这些汇总的坐标一次性将所有红框都绘制出来。

具体代码如下：

```
import cv2

def myMatchTemplate(img, templ):              # 自定义方法：获取模板匹配成功后所有红框位置的坐标
    height, width, c = templ.shape            # 获取模板图像的高、宽和通道数
    results = cv2.matchTemplate(img, templ, cv2.TM_CCOEFF_NORMED)  # 按照标准相关系数匹配
    loc = list()                              # 红框的坐标列表
    for i in range(len(results)):             # 遍历结果数组的行
        for j in range(len(results[i])):      # 遍历结果数组的列
            if results[i][j] > 0.99:          # 如果相关系数大于 0.99 则认为匹配成功
                # 在列表中添加匹配成功的红框对角线两点坐标
                loc.append((j, i, j + width, i + height))
    return loc

img = cv2.imread("background2.jpg")           # 读取原始图像
templs = list()                               # 模板列表
templs.append(cv2.imread("template.png"))     # 添加模板 1
templs.append(cv2.imread("template2.png"))    # 添加模板 2
templs.append(cv2.imread("template3.png"))    # 添加模板 3

loc = list()                                  # 所有模板匹配成功位置的红框坐标列表
for t in templs:                              # 遍历所有模板
    loc += myMatchTemplate(img, t)            # 记录该模板匹配得出的坐标

for i in loc:                                 # 遍历所有红框的坐标
    cv2.rectangle(img, (i[0], i[1]), (i[2], i[3]), (0, 0, 255), 2)   # 在图片中绘制红框

cv2.imshow("img", img)                        # 显示匹配的结果
cv2.waitKey()                                 # 按下任何键盘按键后
cv2.destroyAllWindows()                       # 释放所有窗体
```

上述代码的运行效果如图 10.24（b）所示。

（a）原始图像　　　　　　　　　　（b）多模板匹配的效果

图 10.24　多模板匹配效果

使用多模板匹配能够解决很多生活中的实际问题。例如，一个收费停车场有 4 个车位，车位上陆续地停放了 4 辆车，通过多模板匹配，能够知晓这 4 辆车分别停在了哪个车位上。接下来将模拟这一生活场景。

【**实例 10.8**】　使用多模板匹配让控制台判断 4 辆车分别停在了哪个车位上。（实例位置：资源包 \TM\sl\10\08）

有 4 辆车按图 10.25～图 10.28 的顺序陆续驶入停车场，这 4 辆车停在 4 个车位上的效果如图 10.29 所示。将图 10.25～图 10.28 作为模板，将图 10.29 作为原始图像，使用 cv2. TM_CCOEFF_NORMED 方式进行模板匹配，在原始图像中找到与 4 个模板一样的图像后，在控制台上输出这 4 辆车分别停在了哪个车位上。

说明

在图 10.29 中，1 号车位水平像素的取值范围是 0~200，2 号车位水平像素的取值范围是 200~433，3 号车位水平像素的取值范围是 433~656，4 号车位水平像素的取值范围是 656~871。

图 10.25　模板 1　　　　　　图 10.26　模板 2

图 10.27　模板 3　　　　　　图 10.28　模板 4

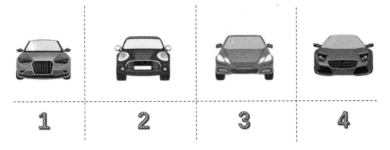

图 10.29　原始图像

具体代码如下：

```
import cv2

image = cv2.imread("image.png")                     # 读取原始图像
templs = []                                          # 模板列表
templs.append(cv2.imread("car1.png"))               # 添加模板图像 1
templs.append(cv2.imread("car2.png"))               # 添加模板图像 2
templs.append(cv2.imread("car3.png"))               # 添加模板图像 3
templs.append(cv2.imread("car4.png"))               # 添加模板图像 3
for car in templs:                                  # 遍历所有模板图像
    # 按照标准相关系数匹配
    results = cv2.matchTemplate(image, car, cv2.TM_CCOEFF_NORMED)
    for i in range(len(results)):                   # 遍历结果数组的行
        for j in range(len(results[i])):            # 遍历结果数组的列
            # print(results[i][j])
            if results[i][j] > 0.99:                # 如果相关系数大于 0.99 则认为匹配成功
                if 0 < j <= 140:
                    print("车位编号:", 1)
                elif j <= 330:
                    print("车位编号:", 2)
                elif j <= 500:
                    print("车位编号:", 3)
                else:
                    print("车位编号:", 4)
                break
```

上述代码的运行结果如下：

```
车位编号: 4
车位编号: 3
车位编号: 2
车位编号: 1
```

上面的结果可以得出以下结论：图 10.25 所示的车辆停在了 4 号车位上，图 10.26 所示的车辆停在了 3 号车位上，图 10.27 所示的车辆停在了 2 号车位上，图 10.28 所示的车辆停在了 1 号车位上。

10.4　小　　结

　　模板匹配包括单模板匹配和多模板匹配，单模板匹配又包括单目标匹配和多目标匹配。实现这些内容的基础方法就是模板匹配方法，即 matchTemplate()方法。其中，读者朋友重点掌握模板匹配方法的 6 个参数值。此外，为了实现单目标匹配，除了需要使用模板匹配方法 matchTemplate()外，还要使用 minMaxLoc()方法，这个方法返回的就是单目标匹配的最优结果。对于多目标匹配，读者朋友要将它和多模板匹配区分开：多目标匹配只有一个模板，而多模板匹配则有多个模板。

第 11 章

滤 波 器

在尽量保留原图像信息的情况下，去除图像内噪声、降低细节层次信息等一系列过程，叫作图像的平滑处理（或图像的模糊处理）。实现平滑处理最常用的工具就是滤波器。通过调节滤波器的参数，可以控制图像的平滑程度。OpenCV 提供了种类丰富的滤波器，每种滤波器使用的算法均不同，但都能对图像中的像素值进行微调，让图像呈现平滑效果。本章将介绍均值滤波器、中值滤波器、高斯滤波器和双边滤波器的使用方法。

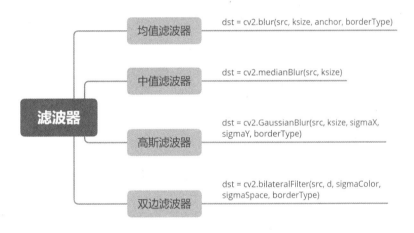

11.1　均值滤波器

图像中可能会出现这样一种像素，该像素与周围像素的差别非常大，导致从视觉上就能看出该像素无法与周围像素组成可识别的图像信息，降低了整个图像的质量。这种"格格不入"的像素就是图像的噪声。如果图像中的噪声都是随机的纯黑像素或者纯白像素，这样的噪声称作"椒盐噪声"或"盐噪声"。例如如图 7.1 所示的就是一幅只有噪声的图像，常称为"雪花点"。

以一个像素为核心，其周围像素可以组成一个 n 行 n 列（简称 $n×n$）的矩阵，这样的矩阵结构在滤波操作中被称为"滤波核"。矩阵的行、列数决定了滤波核的大小，如图 11.2 所示的滤波核大小为 3×3，包含 9 个像

图 11.1　噪声图像

素；图 11.3 所示的滤波核大小为 5×5，包含 25 个像素。

171	42	88	162	99	179	172
79	11	17	30	206	155	176
179	105	157	87	169	15	189
244	52	239	240	142	185	64
188	118	130	212	234	81	90
140	188	207	115	133	32	35
47	43	59	35	74	25	56

171	42	88	162	99	179	172
79	11	17	30	206	155	176
179	105	157	87	169	15	189
244	52	239	240	142	185	64
188	118	130	212	234	81	90
140	188	207	115	133	32	35
47	43	59	35	74	25	56

图 11.2　3×3 的滤波核　　　　　图 11.3　5×5 的滤波核

均值滤波器（也称为低通滤波器）可以把图像中的每一个像素都当成滤波核的核心，然后计算核内所有像素的平均值，最后让核心像素值等于这个平均值。

例如，图 11.4 就是均值滤波的计算过程。滤波核大小为 3×3，核心像素值是 35，颜色较深，周围像素值都为 110～150，因此可以认为核心像素是噪声。将滤波核中的所有像素值相加，然后除以像素个数，就得出了平均值 123（四舍五入取整）。将核心像素的值改成 123，其颜色就与周围颜色差别不大，图像就变得平滑了。这就是均值滤波去噪的原理。

均值滤波

$$\frac{137+150+125+141+35+131+119+118+150}{3\times3}=123$$

图 11.4　均值滤波的计算过程

OpenCV 将均值滤波器封装成 blur()方法，其语法如下：

```
dst = cv2.blur(src, ksize, anchor, borderType)
```

参数说明：
- ☑ src：被处理的图像。
- ☑ ksize：滤波核大小，其格式为(高度, 宽度)，建议使用如(3, 3)、(5, 5)、(7, 7)等宽、高相等的奇数边长。滤波核越大，处理之后的图像就越模糊。
- ☑ anchor：可选参数，滤波核的锚点，建议采用默认值，可以自动计算锚点。
- ☑ borderType：可选参数，边界样式，建议采用默认值。

返回值说明：
- ☑ dst：经过均值滤波处理之后的图像。

【实例 11.1】　对花朵图像进行均值滤波操作。（实例位置：资源包\TM\sl\11\01）

分别使用大小为 3×3、5×5 和 9×9 的滤波核对花朵图像进行均值滤波操作，具体代码如下：

```
import cv2
```

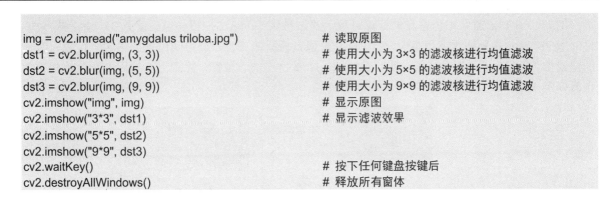

```
img = cv2.imread("amygdalus triloba.jpg")          # 读取原图
dst1 = cv2.blur(img, (3, 3))                        # 使用大小为 3×3 的滤波核进行均值滤波
dst2 = cv2.blur(img, (5, 5))                        # 使用大小为 5×5 的滤波核进行均值滤波
dst3 = cv2.blur(img, (9, 9))                        # 使用大小为 9×9 的滤波核进行均值滤波
cv2.imshow("img", img)                              # 显示原图
cv2.imshow("3*3", dst1)                             # 显示滤波效果
cv2.imshow("5*5", dst2)
cv2.imshow("9*9", dst3)
cv2.waitKey()                                       # 按下任何键盘按键后
cv2.destroyAllWindows()                             # 释放所有窗体
```

上述代码的运行结果如图 11.5 所示，从这个结果可以看出，滤波核越大，处理之后的图像就越模糊。

（a）原图　　　　　　（b）均值滤波效果（滤波核大小为 3×3）

（c）均值滤波效果（滤波核大小为 5×5）　　（d）均值滤波效果（滤波核大小为 9×9）

图 11.5　图像均值滤波效果

11.2　中值滤波器

中值滤波器的原理与均值滤波器非常相似，唯一的不同就是不计算像素的平均值，而是将所有像素值排序，把最中间的像素值取出，赋值给核心像素。

例如，图 11.6 就是中值滤波的计算过程。滤波核大小为 3×3，核心像素值是 35，周围像素值都为 110～150。将核内所有像素值按升序排列，9 个像素值排成一行，最中间位置为第 5 个位置，这个位置的像素值为 131。不需再做任何计算，直接把 131 赋值给核心像素，其颜色就与周围颜色差别不大，图像就变得平滑了。这就是中值滤波去噪的原理。

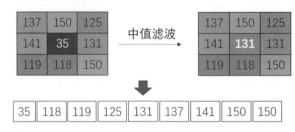

图 11.6　中值滤波的计算过程

OpenCV 将中值滤波器封装成 medianBlur() 方法，其语法如下：

```
dst = cv2.medianBlur(src, ksize)
```

参数说明：

- ☑ src：被处理的图像。
- ☑ ksize：滤波核的边长，必须是大于 1 的奇数，如 3、5、7 等。该方法根据此边长自动创建一个正方形的滤波核。

返回值说明：

- ☑ dst：经过中值滤波处理之后的图像。

注意

中值滤波器的 ksize 参数是边长，而其他滤波器的 ksize 参数通常为（高，宽）。

【实例 11.2】　对花朵图像进行中值滤波操作。（实例位置：资源包\TM\sl\11\02）

分别使用边长为 3、5、9 的滤波核对花朵图像进行中值滤波操作，具体代码如下：

```python
import cv2

img = cv2.imread("amygdalus triloba.jpg")      # 读取原图
dst1 = cv2.medianBlur(img, 3)                  # 使用宽度为 3 的滤波核进行中值滤波
dst2 = cv2.medianBlur(img, 5)                  # 使用宽度为 5 的滤波核进行中值滤波
dst3 = cv2.medianBlur(img, 9)                  # 使用宽度为 9 的滤波核进行中值滤波
cv2.imshow("img", img)                         # 显示原图
cv2.imshow("3", dst1)                          # 显示滤波效果
cv2.imshow("5", dst2)
cv2.imshow("9", dst3)
cv2.waitKey()                                  # 按下任何键盘按键后
cv2.destroyAllWindows()                        # 释放所有窗体
```

上述代码的运行结果如图 11.7 所示，滤波核的边长越长，处理之后的图像就越模糊。中值滤波处

理的图像会比均值滤波处理的图像丢失更多细节。

（a）原图　　　　　　　（b）中值滤波效果（滤波核宽度为3）

（c）中值滤波效果（滤波核宽度为5）（d）中值滤波效果（滤波核宽度为9）

图 11.7　图像中值滤波效果

11.3　高斯滤波器

高斯滤波也被称为高斯模糊或高斯平滑，是目前应用最广泛的平滑处理算法。高斯滤波可以很好地在降低图片噪声、细节层次的同时保留更多的图像信息，经过处理的图像呈现"磨砂玻璃"的滤镜效果。

进行均值滤波处理时，核心周围每个像素的权重都是均等的，也就是每个像素都同样重要，所以计算平均值即可。但在高斯滤波中，越靠近核心的像素权重越大，越远离核心的像素权重越小，例如 5×5 大小的高斯滤波卷积核的权重示意图如图 11.8 所示。像素权重不同不能取平均值，要从权重大的像素中取较多的信息，从权重小的像素中取较少的信息。简单概括就是"离谁更近，跟谁更像"。

高斯滤波的计算过程涉及卷积运算，会有一个与滤波核大小相等的卷积核。本节仅以 3×3 的滤波核为例，简单地描述一下高斯滤波的计算过程。

卷积核中保存的值就是核所覆盖区域的权重值，其遵循图 11.8 的规律。卷积核中所有权重值相加的结果为 1。例如，3×3 的卷积核可以是如图 11.9 所示的值。随着核大小、σ 标准差的变化，卷积核中的值也会发生较大变化，图 11.9 仅是一种最简单的情况。

图 11.8　5×5 的高斯滤波卷积核的权重示意图　　　图 11.9　简化的 3×3 的卷积核

进行高斯滤波的过程中，滤波核中像素与卷积核进行卷积计算，最后将计算结果赋值给滤波核的核心像素。其计算过程如图 11.10 所示。

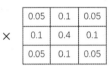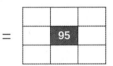

图 11.10　像素与卷积核进行卷积计算

在图 11.10 的计算过程中，滤波核中的每个像素值都与卷积核对应位置的权重值相乘，最后计算出 9 个值，计算过程如下：

137 × 0.05	150 × 0.1	125 × 0.05		6.85	15	6.25
141 × 0.1	35 × 0.4	131 × 0.1	=	14.1	14	13.1
119 × 0.05	118 × 0.1	150 × 0.05		5.95	11.8	7.5

让这 9 个值相加，再四舍五入取整，计算过程如下：

$6.85 + 15 + 6.25 + 14.1 + 14 + 13.1 + 5.95 + 11.8 + 7.5 = 94.55 \approx 95$

最后得到的这个结果就是高斯滤波的计算结果，滤波核的核心像素值从 35 改为 95。

OpenCV 将高斯滤波器封装成了 GaussianBlur() 方法，其语法如下：

```
dst = cv2.GaussianBlur(src, ksize, sigmaX, sigmaY, borderType)
```

参数说明：

☑　src：被处理的图像。

☑　ksize：滤波核的大小，宽高必须是奇数，如(3, 3)、(5, 5)等。

☑　sigmaX：卷积核水平方向的标准差。

☑　sigmaY：卷积核垂直方向的标准差。

☑　修改 sigmaX 或 sigmaY 的值都可以改变卷积核中的权重比例。如果不知道如何设计这 2 个参数值，就直接把这 2 个参数的值写成 0，该方法就会根据滤波核的大小自动计算合适的权重比例。

☑　borderType：可选参数，边界样式，建议使用默认值。

返回值说明：

☑　dst：经过高斯滤波处理之后的图像。

【实例 11.3】　对花朵图像进行高斯滤波操作。（实例位置：资源包\TM\sl\11\03）

分别使用大小为 5×5、9×9 和 15×15 的滤波核对花朵图像进行高斯滤波操作，水平方向和垂直方向的标准差参数值全部为 0，具体代码如下：

```
import cv2

img = cv2.imread("amygdalus triloba.jpg")      # 读取原图
dst1 = cv2.GaussianBlur(img, (5, 5), 0, 0)      # 使用大小为 5×5 的滤波核进行高斯滤波
dst2 = cv2.GaussianBlur(img, (9, 9), 0, 0)      # 使用大小为 9×9 的滤波核进行高斯滤波
dst3 = cv2.GaussianBlur(img, (15, 15), 0, 0)    # 使用大小为 15×15 的滤波核进行高斯滤波
cv2.imshow("img", img)                          # 显示原图
cv2.imshow("5", dst1)                           # 显示滤波效果
cv2.imshow("9", dst2)
cv2.imshow("15", dst3)
cv2.waitKey()                                   # 按下任何键盘按键后
cv2.destroyAllWindows()                         # 释放所有窗体
```

上述代码的运行结果如图 11.11 所示，滤波核越大，处理之后的图像就越模糊。和均值滤波、中值滤波处理的图像相比，高斯滤波处理的图像更加平滑，保留的图像信息更多，更容易辨认。

（a）原图　　　　　　　　　　（b）高斯滤波效果（滤波核大小为 5×5）

图 11.11　图像的高斯滤波效果

（c）高斯滤波效果（滤波核大小为9×9） （d）高斯滤波效果（滤波核大小为15×15）

图 11.11（续）

11.4　双边滤波器

不管是均值滤波、中值滤波还是高斯滤波，都会使整幅图像变得平滑，图像中的边界会变得模糊不清。双边滤波是一种在平滑处理过程中可以有效保护边界信息的滤波操作方法。

双边滤波器自动判断滤波核处于"平坦"区域还是"边缘"区域：如果滤波核处于"平坦"区域，则会使用类似高斯滤波的算法进行滤波；如果滤波核处于"边缘"区域，则加大"边缘"像素的权重，尽可能地让这些像素值保持不变。

例如，图 11.12 是一幅黑白拼接图像，对这幅图像进行高斯滤波，黑白交界处就会变得模糊不清，效果如图 11.13 所示，但如果对这幅图像进行双边滤波，黑白交界处的边界则可以很好地保留下来，效果如图 11.14 所示。

图 11.12　原图　　　　　　　　图 11.13　高斯滤波效果　　　　　　图 11.14　双边滤波效果

OpenCV 将双边滤波器封装成 bilateralFilter()方法，其语法如下：

```
dst = cv2.bilateralFilter(src, d, sigmaColor, sigmaSpace, borderType)
```

参数说明：

☑　src：被处理的图像。

☑ d：以当前像素为中心的整个滤波区域的直径。如果 d<0，则自动根据 sigmaSpace 参数计算得到。该值与保留的边缘信息数量成正比，与方法运行效率成反比。

☑ sigmaColor：参与计算的颜色范围，这个值是像素颜色值与周围颜色值的最大差值，只有颜色值之差小于这个值时，周围的像素才进行滤波计算。值为 255 时，表示所有颜色都参与计算。

☑ sigmaSpace：坐标空间的 σ（sigma）值，该值越大，参与计算的像素数量就越多。

☑ borderType：可选参数，边界样式，建议默认。

返回值说明：

☑ dst：经过双边滤波处理之后的图像。

【实例 11.4】　对比高斯滤波和双边滤波的处理效果。（实例位置：资源包\TM\sl\11\04）

使用大小为(15, 15)的滤波核对花朵图像进行高斯滤波处理，同样使用 15 作为范围直径对花朵图像进行双边滤波处理，观察两种滤波处理之后的图像边缘有什么差别，具体代码如下：

```
import cv2

img = cv2.imread("amygdalus triloba.jpg")          # 读取原图
dst1 = cv2.GaussianBlur(img, (15, 15), 0, 0)       # 使用大小为 15×15 的滤波核进行高斯滤波
# 双边滤波，选取范围直径为 15，颜色差为 120
dst2 = cv2.bilateralFilter(img, 15, 120, 100)
cv2.imshow("img", img)                             # 显示原图
cv2.imshow("Gauss", dst1)                          # 显示高斯滤波效果
cv2.imshow("bilateral", dst2)                      # 显示双边滤波效果
cv2.waitKey()                                      # 按下任何键盘按键后
cv2.destroyAllWindows()                            # 释放所有窗体
```

上述代码的运行结果如图 11.15 所示，可以看出高斯滤波模糊了整个画面，但双边滤波保留了较清晰的边缘信息。

 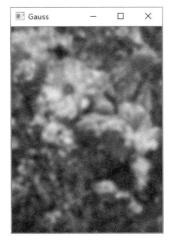 

（a）原图　　　　　　　　（b）高斯滤波效果　　　　　　　（c）双边滤波效果

图 11.15　两种滤波方法效果对比

11.5 小　　结

噪声指的是一幅图像内部的、高亮度的像素点。图像平滑处理是指在尽量保留原图像信息的情况下，去除图像内部的这些高亮度的像素点（也就是"噪声"）。为了实现图像平滑处理，需要的工具就是滤波器。本章主要讲解了 OpenCV 中的 4 种滤波器，虽然每种滤波器的实现原理都不同，但是每种滤波器都能对图像进行图像平滑处理。读者朋友在掌握这 4 种滤波器的实现方法的同时，也要熟悉这 4 种滤波器的实现原理。

第 12 章

腐蚀与膨胀

腐蚀和膨胀是图像形态学中的两种核心操作，通过这两种操作可以清除或强化图像中的细节。合理使用腐蚀和膨胀，还可以实现图像开运算、闭运算、梯度运算、顶帽运算和黑帽运算等极具特点的操作。下面将对腐蚀、膨胀以及其他形态学操作进行详细的介绍。

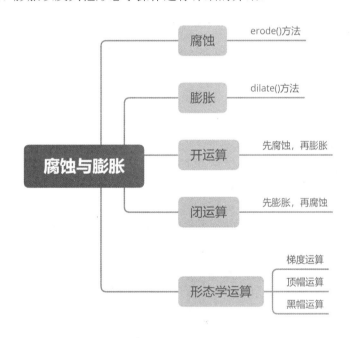

12.1 腐　　蚀

腐蚀操作可以让图像沿着自己的边界向内收缩。OpenCV 通过"核"来实现收缩计算。"核"的英文名为 kernel，在形态学中可以理解为"由 n 个像素组成的像素块"，像素块包含　个核心（核心通常在中央位置，也可以定义在其他位置）。像素块在图像的边缘移动，在移动过程中，核会将图像边缘那些与核重合但又没有越过核心的像素点都抹除，效果类似图 12.1 所示的过程，就像削土豆皮一样，将图像一层一层地"削薄"。

图 12.1　核腐蚀图像中的像素

OpenCV 将腐蚀操作封装成 erode()方法，该方法的语法如下：

```
dst = cv2.erode(src, kernel, anchor, iterations, borderType, borderValue)
```

参数说明：

☑ src：原始图像。

☑ kernel：腐蚀使用的核。

☑ anchor：可选参数，核的锚点位置。

☑ iterations：可选参数，腐蚀操作的迭代次数，默认值为1。

☑ borderType：可选参数，边界样式，建议默认。

☑ borderValue：可选参数，边界值，建议默认。

返回值说明：

☑ dst：经过腐蚀之后的图像。

图像经过腐蚀操作之后，可以抹除一些外部的细节，如图 12.2 所示是一个卡通小蜘蛛，如果用一个 5×5 的像素块作为核对小蜘蛛进行腐蚀操作，可以得到如图 12.3 所示的结果。小蜘蛛的腿被当成外部细节抹除了，同时小蜘蛛的眼睛变大了，因为核从内部也"削"了一圈。

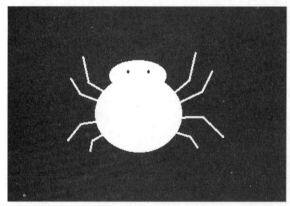

图 12.2　原图

图 12.3　腐蚀之后的图像

在 OpenCV 做腐蚀或其他形态学操作时，通常使用 numpy 模块来创建核数组，例如：

```
import numpy as np

k = np.ones((5, 5), np.uint8)
```

这两行代码就是通过 numpy 模块的 ones()方法创建了一个 5 行 5 列（简称 5×5）、数字类型为无符号 8 位整数、每一个数字的值都是 1 的数组，这个数组作为 erode()方法的核参数。除了 5×5 的结构，还可以使用 3×3、9×9、11×11 等结构，行列数越大，计算出的效果就越粗糙，行列数越小，计算出的效果就越精细。

【实例 12.1】　将仙人球图像中的刺抹除。（实例位置：资源包\TM\sl\12\01）

仙人球的叶子呈针状，茎呈深绿色，如图 12.4 所示。

图 12.4　仙人球

使用 3×3 的核对仙人球图像进行腐蚀操作，可以将图像里的刺抹除，具体代码如下：

```python
import cv2
import numpy as np

img = cv2.imread("cactus.jpg")        # 读取原图
k = np.ones((3, 3), np.uint8)         # 创建 3×3 的数组作为核
cv2.imshow("img", img)                # 显示原图
dst = cv2.erode(img, k)               # 腐蚀操作
cv2.imshow("dst", dst)                # 显示腐蚀效果
cv2.waitKey()                         # 按下任何键盘按键后
cv2.destroyAllWindows()               # 释放所有窗体
```

上述代码的运行结果如图 12.5 所示。

（a）原图

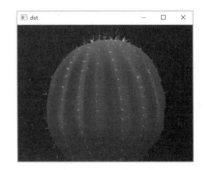

（b）腐蚀之后许多针叶消失

图 12.5　图像腐蚀操作效果

12.2 膨　胀

膨胀操作与腐蚀操作相反，膨胀操作可以让图像沿着自己的边界向内扩张。同样是通过核来计算，当核在图像的边缘移动时，核会将图像边缘填补新的像素，效果类似图 12.6 所示的过程，就像在一面墙上反反复复地涂水泥，让墙变得越来越厚。

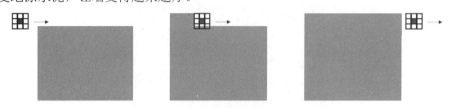

图 12.6　核填补图像中的像素

OpenCV 将膨胀操作封装成 dilate()方法，该方法的语法如下：

```
dst = cv2.dilate(src, kernel, anchor, iterations, borderType, borderValue)
```

参数说明：
- ☑　src：原始图像。
- ☑　kernel：膨胀使用的核。
- ☑　anchor：可选参数，核的锚点位置。
- ☑　iterations：可选参数，腐蚀操作的迭代次数，默认值为 1。
- ☑　borderType：可选参数，边界样式，建议默认。
- ☑　borderValue：可选参数，边界值，建议默认。

返回值说明：
- ☑　dst：经过膨胀之后的图像。

图像经过膨胀操作之后，可以放大一些外部的细节，如图 12.7（a）所示的卡通小蜘蛛，如果用一个 5×5 的像素块作为核对小蜘蛛进行膨胀操作，可以得到如图 12.7（b）所示的结果，小蜘蛛不仅腿变粗了，而且连眼睛都胖没了。

（a）原图　　　　　　　　　　　　（b）膨胀之后的图像

图 12.7　图像膨胀操作效果

【实例 12.2】　将图像加工成"近视眼"效果。（实例位置：资源包\TM\sl\12\02）

近视眼由于聚焦不准，看东西都需要放大并且模模糊糊的，利用膨胀操作可以将正常画面处理成近视眼看到的画面。采用 9×9 的数组作为核，对图 12.8（a）进行膨胀操作。

具体代码如下：

```
import cv2
import numpy as np
img = cv2.imread("sunset.jpg")            # 读取原图
k = np.ones((9, 9), np.uint8)             # 创建 9×9 的数组作为核
cv2.imshow("img", img)                    # 显示原图
dst = cv2.dilate(img, k)                  # 膨胀操作
cv2.imshow("dst", dst)                    # 显示膨胀效果
cv2.waitKey()                             # 按下任何键盘按键后
cv2.destroyAllWindows()                   # 释放所有窗体
```

上述代码的运行结果如图 12.8 所示

（a）原图　　　　　　　　　　　（b）膨胀之后呈现"近视眼"效果

图 12.8　图像膨胀操作"近视眼"效果

12.3　开 运 算

开运算是将图像先进行腐蚀操作，再进行膨胀操作。开运算可以用来抹除图像外部的细节（或者噪声）。

例如，图 12.9 是一个简单的二叉树，父子节点之间都有线连接。如果对此图像进行腐蚀操作，可以得出如图 12.10 所示的图像，连接线消失了，节点也比原图节点小一圈。此时再执行膨胀操作，让缩小的节点恢复到原来的大小，就得到了如图 12.11 所示的效果。

这 3 幅图就是开运算的过程，从结果中可以明显地看出：经过开运算之后，二叉树中的连接线消失了，只剩下光秃秃的节点。因为连接线被核当成"细节"抹除了，所以利用检测轮廓的方法可以统计二叉树节点数量，也就是说在某些情况下，开运算的结果还可以用来做数量统计。

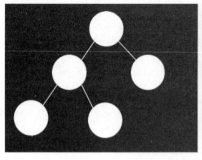 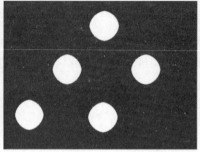 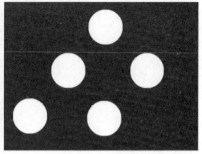

图 12.9　简单的二叉树　　　图 12.10　二叉树图像腐蚀之后的效果　　　图 12.11　对腐蚀的图像做膨胀操作

【实例 12.3】　　抹除黑种草图像中的针状叶子。（实例位置：资源包\TM\sl\12\03）

黑种草如图 12.12（a）所示，花呈蓝色，叶子像针一样又细又长，呈羽毛状。要抹除黑种草图像中的叶子，可以使用 5×5 的核对图像进行开运算。

具体代码如下：

```python
import cv2
import numpy as np

img = cv2.imread("nigella.png")          # 读取原图
k = np.ones((5, 5), np.uint8)            # 创建 5×5 的数组作为核
cv2.imshow("img", img)                    # 显示原图
dst = cv2.erode(img, k)                   # 腐蚀操作
dst = cv2.dilate(dst, k)                  # 膨胀操作
cv2.imshow("dst", dst)                    # 显示开运算结果
cv2.waitKey()                             # 按下任何键盘按键后
cv2.destroyAllWindows()                   # 释放所有窗体
```

上述代码的运行结果如图 12.12（b）所示，经过开运算后黑种草图像虽然略为模糊，但叶子都不见了。

（a）黑种草原图　　　　　　　　　　　（b）开运算效果

图 12.12　图像开运算效果

12.4　闭　运　算

闭运算是将图像先进行膨胀操作，再进行腐蚀操作。闭运算可以抹除图像内部的细节（或者噪声）。

例如，图 12.13（a）是一个身上布满斑点的小蜘蛛，这些斑点就是图像的内部细节。先将图像进行膨胀操作，小蜘蛛身上的斑点（包括眼睛）被抹除，效果如图 12.13（b）所示。然后再将图像进行腐蚀操作，膨胀的小蜘蛛恢复到原来的大小，效果如图 12.13（c）所示。

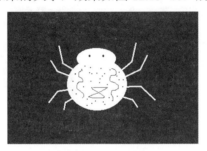

（a）带斑点的小蜘蛛原图

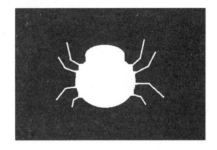

（b）小蜘蛛图像膨胀之后的效果　　　　（c）对膨胀的图像进行腐蚀操作

图 12.13　图像闭运算效果

这 3 幅图就是闭运算的过程，从结果中可以明显地看出：经过闭运算后，小蜘蛛身上的花纹都被抹除了，就连眼睛也被当成"细节"抹除了。

闭运算除了会抹除图像内部的细节，还会让一些离得较近的区域合并成一块区域。

【实例 12.4】　对汉字图片进行闭运算。（实例位置：资源包\TM\sl\12\04）

使用 15×15 的核对图 12.14（a）做闭运算。因为使用的核比较大，很容易导致一些间隔较近的区域合并到一起，观察闭运算对汉字图片造成了哪些影响。

具体代码如下：

```
import cv2
import numpy as np
```

```
img = cv2.imread("tianye.png")              # 读取原图
k = np.ones((15, 15), np.uint8)             # 创建 15×15 的数组作为核
cv2.imshow("img", img)                      # 显示原图
dst = cv2.dilate(img, k)                    # 膨胀操作
dst = cv2.erode(dst, k)                     # 腐蚀操作
cv2.imshow("dst2", dst)                     # 显示闭运算结果
cv2.waitKey()                               # 按下任何键盘按键后
cv2.destroyAllWindows()                     # 释放所有窗体
```

上述代码的运行结果如图 12.14（b）所示，"田"字经过闭运算之后没有多大变化，但是"野"字经过闭运算之后，许多独立的区域因膨胀操作合并到一起，导致文字很难辨认。

（a）原图   （b）闭运算效果

图 12.14　汉字图片闭运算效果

12.5　形态学运算

腐蚀和膨胀是形态学的基础操作，除了开运算和闭运算以外，形态学中还有几种比较有特点的运算。OpenCV 提供了一个 morphologyEx()形态学方法，包含所有常用的运算，其语法如下：

```
dst = cv2.morphologyEx(src, op, kernel, anchor, iterations, borderType, borderValue)
```

参数说明：

☑　src：原始图像。

☑　op：操作类型，具体值如表 12.1 所示。

表 12.1　形态学函数的操作类型参数

参　数　值	含　义
cv2.MORPH_ERODE	腐蚀操作
cv2.MORPH_DILATE	膨胀操作
cv2.MORPH_OPEN	开运算，先腐蚀后膨胀
cv2.MORPH_CLOSE	闭运算，先膨胀后腐蚀
cv2.MORPH_GRADIENT	梯度运算，膨胀图减腐蚀图
cv2.MORPH_TOPHAT	顶帽运算，原始图减开运算图
cv2.MORPH_BLACKHAT	黑帽运算，闭运算图减原始图

☑ kernel：操作过程中使用的核。

☑ anchor：可选参数，核的锚点位置。

☑ iterations：可选参数，迭代次数，默认值为 1。

☑ borderType：可选参数，边界样式，建议默认。

☑ borderValue：可选参数，边界值，建议默认。

返回值说明：

☑ dst：操作之后得到的图像。

morphologyEx()方法实现的腐蚀、膨胀、开运算和闭运算效果与前文中介绍的效果完全一致，本节不再赘述，下面将介绍 3 个特点鲜明的操作：梯度运算、顶帽运算和黑帽运算。

12.5.1 梯度运算

这里的梯度是指图像梯度，可以简单地理解为像素的变化程度。如果几个连续的像素，其像素值跨度越大，则梯度值越大。

梯度运算的运算过程如图 12.15 所示，让原图的膨胀图减原图的腐蚀图。因为膨胀图比原图大，腐蚀图比原图小，利用腐蚀图将膨胀图掏空，就得到了原图的轮廓图。

说明

梯度运算中得到的轮廓图只是一个大概轮廓，不精准。

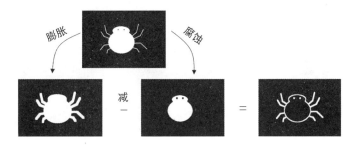

图 12.15 梯度运算过程

梯度运算的参数为 cv2.MORPH_GRADIENT，下面通过一段代码实现图 12.15 的效果。

【实例 12.5】 通过梯度运算画出小蜘蛛的轮廓。（实例位置：资源包\TM\sl\12\05）

使用 5×5 的核对小蜘蛛图像进行形态学梯度运算，具体代码如下：

```
import cv2
import numpy as np

img = cv2.imread("spider.png")                    # 读取原图
k = np.ones((5,5), np.uint8)                       # 创建 5×5 的数组作为核
cv2.imshow("img", img)                             # 显示原图
dst = cv2.morphologyEx(img, cv2.MORPH_GRADIENT, k) # 进行梯度运算
```

```
cv2.imshow("dst", dst)                          # 显示梯度运算结果
cv2.waitKey()                                   # 按下任何键盘按键后
cv2.destroyAllWindows()                         # 释放所有窗体
```

上述代码的运行结果如图 12.16 所示。

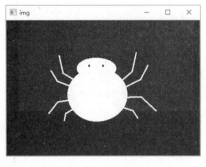

（a）原图   （b）梯度运算的效果

图 12.16　图像梯度运算效果

12.5.2　顶帽运算

顶帽运算的运算过程如图 12.17 所示，让原图减原图的开运算图。因为开运算抹除图像的外部细节，"有外部细节"的图像减去"无外部细节"的图像，得到的结果就只剩外部细节了，所以经过顶帽运算之后，小蜘蛛就只剩蜘蛛腿了。

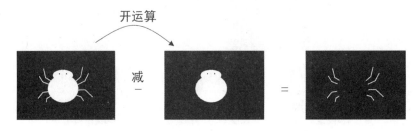

图 12.17　顶帽运算过程

顶帽运算的参数为 cv2.MORPH_TOPHA，下面通过一段代码实现图 12.18 的效果。

【实例 12.6】　通过顶帽运算画出小蜘蛛的腿。（实例位置：资源包\TM\sl\12\06）

使用 5×5 的核对小蜘蛛图像进行顶帽运算，具体代码如下：

```
import cv2
import numpy as np

img = cv2.imread("spider.png")                  # 读取原图
k = np.ones((5, 5), np.uint8)                   # 创建 5×5 的数组作为核
cv2.imshow("img", img)                          # 显示原图
dst = cv2.morphologyEx(img, cv2.MORPH_TOPHAT, k)  # 进行顶帽运算
```

```
cv2.imshow("dst", dst)                          # 显示顶帽运算结果
cv2.waitKey()                                    # 按下任何键盘按键后
cv2.destroyAllWindows()                          # 释放所有窗体
```

上述代码的运算结果如图 12.18 所示。

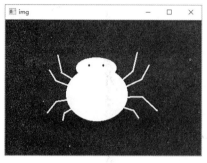

（a）原图　　　　　　　　　　　　　（b）顶帽运算的效果

图 12.18　图像开运算效果

12.5.3　黑帽运算

黑帽运算的运算过程如图 12.19 所示，让原图的闭运算图减去原图。因为闭运算抹除图像的内部细节，"无内部细节"的图像减去"有内部细节"的图像，得到的结果就只剩内部细节了，所以经过黑帽运算之后，小蜘蛛就只剩下斑点、花纹和眼睛了。

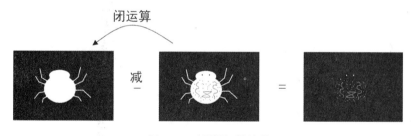

图 12.19　黑帽运算过程

黑帽运算的参数为 cv2.MORPH_BLACKHAT，下面通过一段代码实现图 12.19 的效果。

【实例 12.7】　通过黑帽运算画出小蜘蛛身上的花纹。（实例位置：资源包\TM\sl\12\07）

使用 5×5 的核对小蜘蛛图像进行黑帽运算，具体代码如下：

```
import cv2
import numpy as np

img = cv2.imread("spider2.png")                 # 读取原图
k = np.ones((5, 5), np.uint8)                    # 创建 5×5 的数组作为核
cv2.imshow("img", img)                           # 显示原图
dst = cv2.morphologyEx(img, cv2.MORPH_BLACKHAT, k)  # 进行黑帽运算
```

```
cv2.imshow("dst", dst)                    # 显示黑帽运算结果
cv2.waitKey()                             # 按下任何键盘按键后
cv2.destroyAllWindows()                   # 释放所有窗体
```

上述代码的运行结果如图 20 所示。

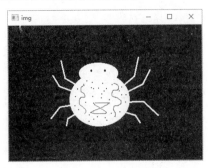 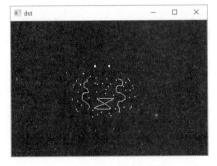

（a）原图　　　　　　　　　　　　（b）黑帽运算的效果

图 12.20　图像黑帽运算效果

12.6　小　　结

　　本章介绍的基础内容是腐蚀和膨胀。读者掌握了其用法，就能轻而易举地实现开运算和闭运算。其中，开运算是对图像先进行腐蚀操作，再进行膨胀操作，其作用是抹除图像外部的细节；而闭运算是对图像先进行膨胀操作，再进行腐蚀操作，其作用是抹除图像内部的细节。此外，形态学运算也是构建在腐蚀和膨胀的基础上的。其中，梯度运算是让原图的膨胀图减原图的腐蚀图，得到的结果是原图的轮廓；顶帽运算是让原图减原图的开运算图，得到的结果是图像的外部细节；黑帽运算是让原图的闭运算图减去原图，得到的结果是图像的内部细节。

第 13 章

图 形 检 测

图形检测是计算机视觉的一项重要功能。通过图形检测可以分析图像中可能存在的形状，然后对这些形状进行描绘，如搜索并绘制图像的边缘，定位图像的位置，判断图像中有没有直线、圆形等。虽然图形检测涉及非常深奥的数学算法，但 OpenCV 已经将这些算法封装成简单的方法，开发者只要学会如何调用方法、调整参数即可很好地实现检测功能。

本章将介绍如何检测图像的形状、图像所占的区域，以及如何查找图像中出现的几何图形等。

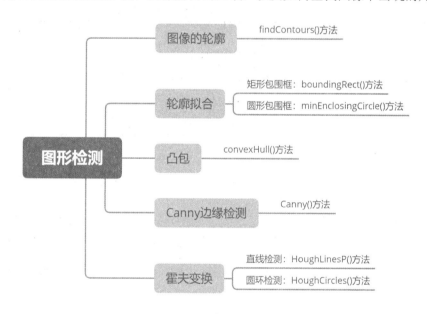

13.1　图像的轮廓

轮廓是指图像中图形或物体的外边缘线条。简单的几何图形轮廓是由平滑的线构成的，容易识别，但不规则图形的轮廓可能由许多个点构成，识别起来比较困难。

OpenCV 提供的 findContours()方法可以通过计算图像梯度来判断图像的边缘，然后将边缘的点封装成数组返回。findContours()方法的语法如下：

contours, hierarchy = cv2.findContours(image, mode, methode)

参数说明：

☑　image：被检测的图像，必须是 8 位单通道二值图像。如果原始图像是彩色图像，必须转为灰度图像，并经过二值化处理。

☑　mode：轮廓的检索模式，具体值如表 13.1 所示。

表 13.1　轮廓的检索模式参数值

参 数 值	含 义
cv2.RETR_EXTERNAL	只检测外轮廓
cv2.RETR_LIST	检测所有轮廓，但不建立层次关系
cv2.RETR_CCOMP	检测所有轮廓，并建立两级层次关系
cv2.RETR_TREE	检测所有轮廓，并建立树状结构的层次关系

☑　methode：检测轮廓时使用的方法，具体值如表 13.2 所示。

表 13.2　检测轮廓时使用的方法

参 数 值	含 义
cv2.CHAIN_APPROX_NONE	储存轮廓上的所有点
cv2.CHAIN_APPROX_SIMPLE	只保存水平、垂直或对角线轮廓的端点
cv2.CHAIN_APPROX_TC89_L1	Ten-Chinl 近似算法中的一种
cv2.CHAIN_APPROX_TC89_KCOS	Ten-Chinl 近似算法中的一种

返回值说明：

☑　contours：检测出的所有轮廓，list 类型，每一个元素都是某个轮廓的像素坐标数组。

☑　hierarchy：轮廓之间的层次关系。

通过 findContours()方法找到图像轮廓后，为了方便开发人员观测，最好能把轮廓画出来，于是 OpenCV 提供了 drawContours()方法用来绘制这些轮廓。drawContours()方法的语法如下：

image = cv2.drawContours(image, contours, contourIdx, color, thickness, lineTypee, hierarchy, maxLevel, offse)

参数说明：

☑　image：被绘制轮廓的原始图像，可以是多通道图像。

☑　contours：findContours()方法得出的轮廓列表。

☑　contourIdx：绘制轮廓的索引，如果为-1 则绘制所有轮廓。

☑　color：绘制颜色，使用 BGR 格式。

☑　thickness：可选参数，画笔的粗细程度，如果该值为-1 则绘制实心轮廓。

☑　lincTypee：可选参数，绘制轮廓的线型。

☑　hierarchy：可选参数，findContours()方法得出的层次关系。

☑　maxLevel：可选参数，绘制轮廓的层次深度，最深绘制第 maxLevel 层。

☑　offse：可选参数，偏移量，可以改变绘制结果的位置。

返回值说明：

☑　image：同参数中的 image，执行后原始图中就包含绘制的轮廓了，可以不使用此返回值保存结果。

【实例 13.1】　绘制几何图像的轮廓。（实例位置：资源包\TM\sl\13\01）

将如图 13.1 所示的几何图像转换成二值灰度图像，然后通过 findContours()方法找到出现的所有轮廓，再通过 drawContours()方法将这些轮廓绘制成红色。轮廓的检索模式采用 cv2.RETR_LIST，检测方法采用 cv2.CHAIN_APPROX_NONE。

图 13.1　简单的几何图像

具体代码如下：

```
import cv2

img = cv2.imread("shape1.png")                              # 读取原图
gray = cv2.cvtColor(img, cv2.COLOR_BGR2GRAY)                # 彩色图像转变成单通道灰度图像
t, binary = cv2.threshold(gray, 127, 255, cv2.THRESH_BINARY)    # 灰度图像转为二值图像
# 检测图像中出现的所有轮廓，记录轮廓的每一个点
contours, hierarchy = cv2.findContours(binary, cv2.RETR_LIST, cv2.CHAIN_APPROX_NONE)
# 绘制所有轮廓，宽度为5，颜色为红色
cv2.drawContours(img, contours, -1, (0, 0, 255), 5)
cv2.imshow("img", img)                                      # 显示绘制结果
cv2.waitKey()                                               # 按下任何键盘按键后
cv2.destroyAllWindows()                                     # 释放所有窗体
```

上述代码的运行结果如图 13.2 所示。

如果使用 cv2.RETR_EXTERNAL 做参数则只绘制外轮廓，关键代码如下：

```
contours, hierarchy = cv2.findContours(binary, cv2.RETR_EXTERNAL, cv2.CHAIN_APPROX_NONE)
cv2.drawContours(img, contours, -1, (0, 0, 255), 5)
```

绘制轮廓的效果如图 13.3 所示。

drawContours()方法的第 3 个参数可以指定绘制哪个索引的轮廓。索引的顺序由轮廓的检索模式决定，例如 cv2.RETR_CCOMP 模式下绘制索引为 0 的轮廓的关键代码如下：

图 13.2　绘制全部轮廓　　　　　　　　　　图 13.3　只绘制外轮廓的效果

```
contours, hierarchy = cv2.findContours(binary, cv2.RETR_CCOMP, cv2.CHAIN_APPROX_NONE)
cv2.drawContours(img, contours, 0, (0, 0, 255), 5)
```

在同样的检索模式下，绘制索引为 1 的轮廓的关键代码如下：

```
cv2.drawContours(img, contours, 1, (0, 0, 255), 5)
```

绘制索引为 2 的轮廓的关键代码如下：

```
cv2.drawContours(img, contours, 2, (0, 0, 255), 5)
```

绘制索引为 3 的轮廓的关键代码如下：

```
cv2.drawContours(img, contours, 3, (0, 0, 255), 5)
```

绘制的效果如图 13.4～图 13.7 所示。

图 13.4　绘制索引为 0 的轮廓　　　　　　图 13.5　绘制索引为 1 的轮廓

图 13.6　绘制索引为 2 的轮廓　　　　　　图 13.7　绘制索引为 3 的轮廓

【实例 13.2】　绘制花朵的轮廓。（实例位置：资源包\TM\sl\13\02）

为图 13.8（a）所示的花朵图像绘制轮廓，首先要降低图像中的噪声干扰，进行滤波处理，然后将图像处理成二值灰度图像，并检测出轮廓，最后利用绘制轮廓的方法在原始图像中绘制轮廓。

具体代码如下：

```
import cv2

img = cv2.imread("flower.png")                      # 读取原图
cv2.imshow("img", img)                              # 显示原图
img = cv2.medianBlur(img, 5)                        # 使用中值滤波去除噪点
gray = cv2.cvtColor(img, cv2.COLOR_BGR2GRAY)        # 原图从彩图变成单通道灰度图像
t, binary = cv2.threshold(gray, 127, 255, cv2.THRESH_BINARY)    # 灰度图像转化为二值图像
cv2.imshow("binary", binary)                        # 显示二值化图像
# 获取二值化图像中的轮廓及轮廓层次
contours, hierarchy = cv2.findContours(binary, cv2.RETR_LIST, cv2.CHAIN_APPROX_NONE)
cv2.drawContours(img, contours, -1, (0, 0, 255), 2)    # 在原图中绘制轮廓
cv2.imshow("contours", img)                         # 显示绘有轮廓的图像
cv2.waitKey()                                       # 按下任何键盘按键后
cv2.destroyAllWindows()                             # 释放所有窗体
```

上述代码的运行结果如图 13.8（b）和图 13.8（c）所示。

|　　　（a）花朵图像原图　　　　　|　　（b）二值化图像　　|　　（c）绘制的花朵轮廓　　|

图 12.8　绘制花朵轮廓效果

13.2　轮 廓 拟 合

拟合是指将平面上的一系列点，用一条光滑的曲线连接起来。轮廓的拟合就是将凹凸不平的轮廓用平整的几何图形体现出来。本节将介绍如何按照轮廓绘制矩形包围框和圆形包围框。

13.2.1　矩形包围框

矩形包围框是指图像轮廓的最小矩形边界。OpenCV 提供的 boundingRect()方法可以自动计算轮廓最小矩形边界的坐标、宽和高。boundingRect()方法的语法如下：

```
retval = cv2.boundingRect (array)
```

参数说明：

☑　array：轮廓数组。

返回值说明：

☑　retval：元组类型，包含 4 个整数值，分别是最小矩形包围框的：左上角顶点的横坐标、左上角顶点的纵坐标、矩形的宽和高。所以也可以写成 x, y, w, h = cv2.boundingRect (array)的形式。

【实例 13.3】　为爆炸图形绘制矩形包围框。（实例位置：资源包\TM\sl\13\03）

图 13.9　爆炸图形

为图 13.9 所示的爆炸图形绘制矩形包围框，首先判断图形的轮廓，使用 cv2.RETR_LIST 检索所有轮廓，使用 cv2.CHAIN_APPROX_SIMPLE 检索图形所有的端点，然后利用 cv2.boundingRect()方法计算最小矩形包围框，并通过 cv2.rectangle()方法将这个矩形绘制出来，具体代码如下：

```
import cv2

img = cv2.imread("shape2.png")                          # 读取原图
gray = cv2.cvtColor(img, cv2.COLOR_BGR2GRAY)            # 从彩色图像变成单通道灰度图像
# 对灰度图像进行二值化阈值处理
t, binary = cv2.threshold(gray, 127, 255, cv2.THRESH_BINARY)
# 获取二值化图像中的轮廓及轮廓层次
contours, hierarchy = cv2.findContours(binary, cv2.RETR_LIST, cv2.CHAIN_APPROX_SIMPLE)
x, y, w, h = cv2.boundingRect(contours[0])              # 获取第一个轮廓的最小矩形边框，记录坐标、宽和高
cv2.rectangle(img, (x, y), (x + w, y + h), (0, 0, 255), 2)   # 绘制红色矩形
cv2.imshow("img", img)                                  # 显示绘制结果
cv2.waitKey()                                           # 按下任何键盘按键后
cv2.destroyAllWindows()                                 # 释放所有窗体
```

上述代码的运行结果如图 13.10 所示。

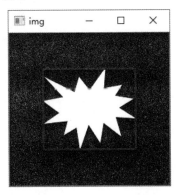

图 13.10　爆炸图形的最小矩形包围框

13.2.2　圆形包围框

圆形包围框与矩形包围框一样，是图像轮廓的最小圆形边界。OpenCV 提供的 minEnclosingCircle ()
方法可以自动计算轮廓最小圆形边界的圆心和半径。minEnclosingCircle()方法的语法如下：

```
center, radius = cv2.minEnclosingCircle(points)
```

参数说明：
☑　points：轮廓数组。
返回值说明：
☑　center：元组类型，包含 2 个浮点值，是最小圆形包围框圆心的横坐标和纵坐标。
☑　radius：浮点类型，最小圆形包围框的半径。

【实例 13.4】　为爆炸图形绘制圆形包围框。（实例位置：资源包\TM\sl\13\04）

为图 13.9 所示的爆炸图形绘制矩形包围框，首先判断图形的轮廓，使用 cv2.RETR_LIST 检索所有
轮廓，使用 cv2.CHAIN_APPROX_SIMPLE 检索图形所有的端点，然后利用 cv2. minEnclosingCircle()
方法计算最小圆形包围框，并通过 cv2.circle()方法将这个矩形绘制出来。绘制过程中要注意：圆心坐
标和圆半径都是浮点数，在绘制之前要将浮点数转换成整数。

具体代码如下：

```
import cv2

img = cv2.imread("shape2.png")                          # 读取原图
gray = cv2.cvtColor(img, cv2.COLOR_BGR2GRAY)            # 从彩色图像变成单通道灰度图像
# 对灰度图像进行二值化处理
t, binary = cv2.threshold(gray, 127, 255, cv2.THRESH_BINARY)
# 获取二值化图像中的轮廓及廓层次
contours, hierarchy = cv2.findContours(binary, cv2.RETR_LIST, cv2.CHAIN_APPROX_SIMPLE)
center, radius = cv2.minEnclosingCircle(contours[0])    # 获取最小圆形边框的圆心点和半径
x = int(round(center[0]))                               # 圆心点横坐标转为近似整数
```

```
y = int(round(center[1]))                          # 圆心点纵坐标转为近似整数
cv2.circle(img, (x, y), int(radius), (0, 0, 255), 2)   # 绘制圆形
cv2.imshow("img", img)                             # 显示绘制结果
cv2.waitKey()                                      # 按下任何键盘按键后
cv2.destroyAllWindows()                            # 释放所有窗体
```

上述代码的运行结果如图 13.11 所示。

图 13.11　爆炸图形的最小圆形包围框

13.3　凸　　包

之前介绍了矩形包围框和圆形包围框，这 2 种包围框虽然已经逼近了图形的边缘，但这种包围框为了保持几何形状，与图形的真实轮廓贴合度较差。如果能找出图形最外层的端点，将这些端点连接起来，就可以围出一个包围图形的最小包围框，这种包围框叫凸包。

凸包是最逼近轮廓的多边形，凸包的每一处都是凸出来的，也就是任意 3 个点组成的内角均小于 180°。例如，图 13.12 就是凸包，而图 13.13 就不是凸包。

图 13.12　凸包　　　　　　　　　　　　图 13.13　不是凸包

OpenCV 提供的 convexHull()方法可以自动找出轮廓的凸包，该方法的语法如下：

```
hull = cv2.convexHull(points, clockwise, returnPoints)
```

参数说明：

☑　points：轮廓数组。

☑　clockwise：可选参数，布尔类型。当该值为 True 时，凸包中的点按顺时针排列，为 False 时按逆时针排列。

☑　returnPoints：可选参数，布尔类型。当该值为 True 时返回点坐标，为 False 时返回点索引。默认值为 True。

返回值说明：

☑　hull：凸包的点阵数组。

下面通过一个例子演示如何绘制凸包。

【实例 13.5】　为爆炸图形绘制凸包。（实例位置：资源包\TM\sl\13\05）

为图 13.9 所示的爆炸图形绘制凸包，首先要先判断图形的轮廓，使用 cv2.RETR_LIST 检索出图形的轮廓，然后使用 convexHull()方法找到轮廓的凸包，最后通过 polylines()方法将凸包中各点连接起来，具体代码如下：

```
import cv2

img = cv2.imread("shape2.png")                           # 读取原始图像
gray = cv2.cvtColor(img, cv2.COLOR_BGR2GRAY)             # 转为灰度图像
ret, binary = cv2.threshold(gray, 127, 225, cv2.THRESH_BINARY)    # 二值化处理
# 检测图像中出现的所有轮廓
contours, hierarchy = cv2.findContours(binary, cv2.RETR_LIST, cv2.CHAIN_APPROX_SIMPLE)
hull = cv2.convexHull(contours[0])                       # 获取轮廓的凸包
cv2.polylines(img, [hull], True, (0, 0, 255), 2)         # 绘制凸包
cv2.imshow("img", img)                                   # 显示图像
cv2.waitKey()                                            # 按下任何键盘按键后
cv2.destroyAllWindows()                                  # 释放所有窗体
```

上述代码的运行结果如图 13.14 所示。

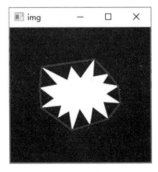

图 13.14　爆炸图形的凸包

13.4 Canny 边缘检测

Canny 边缘检测算法是 John F. Canny 于 1986 年开发的一个多级边缘检测算法，该算法根据像素的梯度变化寻找图像边缘，最终可以绘制十分精细的二值边缘图像。

OpenCV 将 Canny 边缘检测算法封装在 Canny()方法中，该方法的语法如下：

```
edges = cv2.Canny(image, threshold1, threshold2, apertureSize, L2gradient)
```

参数说明：

☑ image：检测的原始图像。

☑ threshold1：计算过程中使用的第一个阈值，可以是最小阈值，也可以是最大阈值，通常用来设置最小阈值。

☑ threshold2：计算过程中使用的第二个阈值，通常用来设置最大阈值。

☑ apertureSize：可选参数，Sobel 算子的孔径大小。

☑ L2gradient：可选参数，计算图像梯度的标识，默认值为 False。值为 True 时采用更精准的算法进行计算。

返回值说明：

☑ edges：计算后得出的边缘图像，是一个二值灰度图像。

在开发过程中可以通过调整最小阈值和最大阈值控制边缘检测的精细程度。当 2 个阈值都较小时，检测出较多的细节；当 2 个阈值都较大时，忽略较多的细节。

【实例 13.6】 使用 Canny 算法检测花朵边缘。（实例位置：资源包\TM\sl\13\06）

利用 Canny()方法检测图 13.15（a）所示的花朵图像，分别使用 10 和 50、100 和 200、400 和 600 作为最低阈值和最高阈值检测 3 次，具体代码如下：

```python
import cv2

img = cv2.imread("flower.png")              # 读取原图
r1 = cv2.Canny(img, 10, 50);                # 使用不同的阈值进行边缘检测
r2 = cv2.Canny(img, 100, 200);
r3 = cv2.Canny(img, 400, 600);

cv2.imshow("img", img)                      # 显示原图
cv2.imshow("r1", r1)                        # 显示边缘检测结果
cv2.imshow("r2", r2)
cv2.imshow("r3", r3)
cv2.waitKey()                               # 按下任何键盘按键后
cv2.destroyAllWindows()                     # 释放所有窗体
```

上述代码的运行结果如图 13.15 所示，阈值越小，检测出的边缘越多；阈值越大，检测出的边缘越少，只能检测出一些较明显的边缘。

（a）原图

（b）最小阈值为 10、最大阈值为 50 的检测结果

（c）最小阈值为 100、最大阈值为 200 的检测结果　　（d）最小阈值为 400、最大阈值为 600 的检测结果

图 13.15　图像 Canny 检测效果

13.5　霍 夫 变 换

霍夫变换是一种特征检测，通过算法识别图像的特征，从而判断图像中的特殊形状，例如直线和圆。本节将介绍如何检测图像中的直线和圆。

13.5.1　直线检测

霍夫直线变换是通过霍夫坐标系的直线与笛卡儿坐标系的点之间的映射关系来判断图像中的点是否构成直线。OpenCV 将此算法封装成两个方法，分别是 cv2.HoughLines()和 cv2.HoughLinesP()，前者用于检测无限延长的直线，后者用于检测线段。本节仅介绍比较常用的 HoughLinesP()方法。

HoughLinesP()方法名称最后有一个大写的 P，该方法只能检测二值灰度图像，也就是只有两种像素值的黑白图像。该方法最后把找出的所有线段的两个端点坐标保存成一个数组。

HoughLinesP()方法的语法如下：

```
lines = cv2.HoughLinesP(image, rho, theta, threshold, minLineLength, maxLineGap)
```

参数说明：

☑ image：检测的原始图像。

☑ rho：检测直线使用的半径步长，值为 1 时，表示检测所有可能的半径步长。

☑ theta：搜索直线的角度，值为 π/180° 时，表示检测所有角度。

☑ threshold：阈值，该值越小，检测出的直线就越多。

☑ minLineLength：线段的最小长度，小于该长度的线段不记录到结果中。

☑ maxLineGap：线段之间的最小距离。

返回值说明：

☑ lines：一个数组，元素为所有检测出的线段，每条线段是一个数组，代表线段两个端点的横、纵坐标，格式为[[[x1, y1, x2, y2], [x1, y1, x2, y2]]]。

■◎注意

使用该方法前应该为原始图像进行降噪处理，否则会影响检测结果。

【实例 13.7】　检测笔图像中出现的直线。（实例位置：资源包\TM\sl\13\07）

检测如图 13.16 所示的中性笔照片，先将图像降噪，再对图像进行边缘检测，然后利用 HoughLinesP() 方法找出边缘图像中的直线线段，最后用 cv2.line()方法将找出的线段绘制成红色。

图 13.16　笔图像

具体代码如下：

```
import cv2
import numpy as np
```

```
img = cv2.imread("pen.jpg")                                      # 读取原图
o = img.copy()                                                   # 复制原图
o = cv2.medianBlur(o, 5)                                         # 使用中值滤波进行降噪
gray = cv2.cvtColor(o, cv2.COLOR_BGR2GRAY)                       # 从彩色图像变成单通道灰度图像
binary = cv2.Canny(o, 50, 150)                                   # 绘制边缘图像
# 检测直线，精度为 1，全角度，阈值为 15，线段最短 100，最小间隔为 18
lines = cv2.HoughLinesP(binary, 1, np.pi / 180, 15, minLinelength=100, maxLineGap=18)
for line in lines:                                               # 遍历所有直线
    x1, y1, x2, y2 = line[0]                                     # 读取直线 2 个端点的坐标
    cv2.line(img, (x1, y1), (x2, y2), (0, 0, 255), 2)           # 在原始图像上绘制直线
cv2.imshow("canny", binary)                                      # 显示二值化图案
cv2.imshow("img", img)                                           # 显示绘制结果
cv2.waitKey()                                                    # 按下任何键盘按键后
cv2.destroyAllWindows()                                          # 释放所有窗体
```

上述代码的运行结果如图 13.17 和图 13.18 所示。

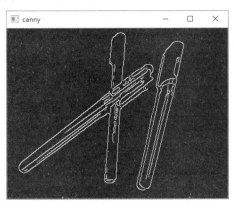

图 13.17　笔图像的边缘检测结果

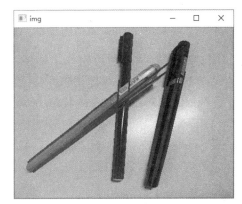

图 13.18　将笔图像中检测出的线段描红

13.5.2　圆环检测

霍夫圆环变换的原理与霍夫直线变换类似。OpenCV 提供的 HoughCircles()方法用于检测图像中的圆环，该方法在检测过程中进行两轮筛选：第一轮筛选找出可能是圆的圆心坐标，第二轮筛选计算这些圆心坐标可能对应的半径长度。该方法最后将圆心坐标和半径封装成一个浮点型数组。

HoughCircles()方法的语法如下：

```
circles = cv2.HoughCircles(image, method, dp, minDist, param1, param2, minRadius, maxRadius)
```

参数说明：

☑　image：检测的原始图像。

☑　method：检测方法，OpenCV 4.0.0 及以前版本仅提供了 cv2.HOUGH_GRADIENT 作为唯一可用方法。

☑　dp：累加器分辨率与原始图像分辨率之比的倒数。值为 1 时，累加器与原始图像具有相同的分辨率；值为 2 时，累加器的分辨率为原始图像的 1/2。通常使用 1 作为参数。

☑ minDist：圆心之间的最小距离。

☑ param1：可选参数，Canny 边缘检测使用的最大阈值。

☑ param2：可选参数，检测圆环结果的投票数。第一轮筛选时投票数超过该值的圆环才会进入第二轮筛选。值越大，检测出的圆环越少，但越精准。

☑ minRadius：可选参数，圆环的最小半径。

☑ maxRadius：可选参数，圆环的最大半径。

返回值说明：

☑ circles：一个数组，元素为所有检测出的圆环，每个圆环也是一个数组，内容为圆心的横、纵坐标和半径长度，格式为：[[[x1 ,y1, r1], [x2 ,y2, r2]]]。

注意

使用该方法前应该为原始图像进行降噪处理，否则会影响检测结果。

【**实例 13.8**】 检测硬币图像中出现的圆环。（实例位置：资源包\TM\sl\13\08）

检测如图 13.19 所示的硬币照片，先将图像降噪，再将图像变成单通道灰度图像，然后利用 HoughCircles()方法检测图像中可能是圆环的位置，最后通过 cv2.circle()方法在这些位置上绘制圆环和对应的圆心。在绘制圆环之前，要将 HoughCircles()方法返回的浮点数组元素转换成整数。

图 13.19 硬币图像

具体代码如下：

```python
import cv2
import numpy as np

img = cv2.imread("coin.jpg")                        # 读取原图
o = img.copy()                                       # 复制原图
o = cv2.medianBlur(o, 5)                            # 使用中值滤波进行降噪
gray = cv2.cvtColor(o, cv2.COLOR_BGR2GRAY)         # 从彩色图像变成单通道灰度图像
# 检测圆环，圆心最小间距为 70，Canny 最大阈值为 100，投票数超过 25。最小半径为 10，最大半径为 50
circles = cv2.HoughCircles(gray, cv2.HOUGH_GRADIENT, 1, 70, param1=100, param2=25, minRadius=10,
```

```
maxRadius=50)
circles = np.uint(np.around(circles))              # 将数组元素四舍五入成整数
for c in circles[0]:                               # 遍历圆环结果
    x, y, r = c                                    # 圆心横坐标、纵坐标和圆半径
    cv2.circle(img, (x, y), r, (0, 0, 255), 3)     # 绘制圆环
    cv2.circle(img, (x, y), 2, (0, 0, 255), 3)     # 绘制圆心
cv2.imshow("img", img)                             # 显示绘制结果
cv2.waitKey()                                      # 按下任何键盘按键后
cv2.destroyAllWindows()                            # 释放所有窗体
```

上述代码的运行结果如图 13.20 所示。

图 13.20　检测出的圆环位置

13.6　小　　结

　　图像轮廓指的是将图像的边缘连接起来形成的一个整体，它是图像的一个重要的特征信息，通过对图像的轮廓进行操作，能够得到这幅图像的大小、位置和方向等信息，用于后续的计算。为此，OpenCV提供了 findContours()方法，通过计算图像的梯度，判断图像的轮廓。为了绘制图像的轮廓，OpenCV又提供了 drawContours()方法。但需要注意的是，Canny()方法虽然能够检测出图像的边缘，但这个边缘是不连续的。

第 14 章

视 频 处 理

OpenCV 不仅能够处理图像，还能够处理视频。视频是由大量的图像构成的，这些图像以固定的时间间隔从视频中获取。这样，就能够使用图像处理的方法对这些图像进行处理，进而达到处理视频的目的。要处理视频，需要先对视频进行读取、显示和保存等相关操作。为此，OpenCV 提供了VideoCapture 类和 VideoWriter 类的相关方法。

14.1 读取并显示摄像头视频

摄像头视频指的是从摄像头（见图 14.1）中实时读取到的视频。为了读取并显示摄像头视频，OpenCV 提供了 VideoCapture 类的相关方法，这些方法包括摄像头的初始化方法、检验摄像头初始化是否成功的方法、从摄像头中读取帧的方法和关闭摄像头的方法等。下面依次对这些方法进行讲解。

图 14.1 摄像头

说明

视频是由大量的图像构成的，把这些图像称作帧。

14.1.1　VideoCapture 类

VideoCapture 类提供了构造方法 VideoCapture()，用于完成摄像头的初始化工作。VideoCapture() 的语法格式如下：

```
capture = cv2.VideoCapture(index)
```

参数说明：

☑　capture：要打开的摄像头。

☑　index：摄像头的设备索引。

注意

摄像头的数量及其设备索引的先后顺序由操作系统决定，因为 OpenCV 没有提供查询摄像头的数量及其设备索引的任何方法。

当 index 的值为 0 时，表示要打开的是第 1 个摄像头；对于 64 位的 Windows 10 笔记本，当 index 的值为 0 时，表示要打开的是笔记本内置摄像头，关键代码如下：

```
capture = cv2.VideoCapture(0)
```

当 index 的值为 1 时，表示要打开的是第 2 个摄像头；对于 64 位的 Windows 10 笔记本，当 index 的值为 1 时，表示要打开的是一个连接笔记本的外置摄像头，关键代码如下：

```
capture = cv2.VideoCapture(1)
```

为了检验摄像头初始化是否成功，VideoCapture 类提供了 isOpened()方法。isOpened()方法的语法格式如下：

```
retval = cv2.VideoCapture.isOpened()
```

参数说明：

☑　retval：isOpened()方法的返回值。如果摄像头初始化成功，retval 的值为 True；否则，retval 的值为 False。

说明

在 VideoCapture()的语法格式基础上，isOpened()方法的语法格式可以简写为

```
retval = capture.isOpened()
```

摄像头初始化后，可以从摄像头中读取帧，为此 VideoCapture 类提供了 read()方法。read()方法的语法格式如下：

```
retval, image = cv2.VideoCapture.read() # 可以简写为 retval, image = capture.read()
```

参数说明：

☑ retval：是否读取到帧。如果读取到帧，retval 的值为 True；否则，retval 的值为 False。

☑ image：读取到的帧。因为帧指的是构成视频的图像，所以可以把"读取到的帧"理解为"读取到的图像"。

OpenCV 官网特别强调，在不需要摄像头时，要关闭摄像头。为此，VideoCapture 类提供了 release() 方法。release()方法的语法格式如下：

```
cv2.VideoCapture.release() # 可以简写为 capture.release()
```

14.1.2　如何使用 VideoCapture 类

在 14.1.1 节中，介绍了 VideoCapture 类中的 VideoCapture()方法、isOpened()方法、read()方法和 release()方法。那么，在程序开发的过程中，如何使用这些方法呢？本节将通过 3 个实例进行讲解。

【实例 14.1】　读取并显示摄像头视频。（实例位置：资源包\TM\sl\14\01）

编写一个程序，打开笔记本内置摄像头实时读取并显示视频。当按下空格键时，关闭笔记本内置摄像头，销毁显示摄像头视频的窗口，代码如下：

```
import cv2

capture = cv2.VideoCapture(0)              # 打开笔记本内置摄像头
while (capture.isOpened()):                # 笔记本内置摄像头被打开
retval, image = capture.read()             # 从摄像头中实时读取视频
cv2.imshow("Video", image)                 # 在窗口中显示读取到的视频
key = cv2.waitKey(1)                       # 等待用户按下键盘按键的时间为 1ms
if key == 32:                              # 如果按下空格键
break
capture.release()                          # 关闭笔记本内置摄像头
cv2.destroyAllWindows()                    # 销毁显示摄像头视频的窗口
```

上述代码的运行结果如图 14.2 所示。

图 14.2　读取并显示摄像头视频

说明

图 14.2 是笔者用笔记本内置摄像头实时读取并显示公司天花板的视频。

在实例 14.1 运行期间，如果按下空格键，笔记本内置摄像头将被关闭，显示摄像头视频的窗口也将被销毁。此外，PyCharm 控制台将输出如图 14.3 所示的警告信息。

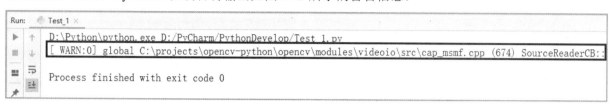

图 14.3　PyCharm 控制台输出的警告信息

为了消除图 14.3 所示的警告信息，需要将实例 14.1 第 3 行代码：

```
capture = cv2.VideoCapture(0) # 打开笔记本内置摄像头
```

修改为如下代码：

```
capture = cv2.VideoCapture(0, cv2.CAP_DSHOW) # 打开笔记本内置摄像头
```

如果想打开的是一个连接笔记本的外置摄像头，那么需要将实例 14.1 第 3 行代码：

```
capture = cv2.VideoCapture(0) # 打开笔记本内置摄像头
```

修改为如下代码：

```
capture = cv2.VideoCapture(1, cv2.CAP_DSHOW) # 打开笔记本外置摄像头
```

实例 14.1 已经成功地读取并显示了摄像头视频，那么如何对这个视频进行处理呢？其实，处理视频所用的方法与处理图像所用的方法是相同的。实例 14.2 将使用处理图像的相关方法把实例 14.1 读取并显示的彩色视频转换为灰度视频。

【实例 14.2】　将摄像头视频由彩色视频转换为灰度视频。（实例位置：资源包\TM\sl\14\02）

编写一个程序，使用图像处理的相关方法把实例 14.1 读取并显示的彩色视频转换为灰度视频。当按下空格键时，关闭笔记本内置摄像头，销毁显示摄像头视频的窗口，代码如下：

```
import cv2

capture = cv2.VideoCapture(0, cv2.CAP_DSHOW)            # 打开笔记本内置摄像头
while (capture.isOpened()):                             # 笔记本内置摄像头被打开
    retval, image = capture.read()                     # 从摄像头中实时读取视频
    # 把彩色视频转换为灰度视频
    image_Gray = cv2.cvtColor(image,cv2.COLOR_BGR2GRAY)
    if retval == True:                                 # 读取到摄像头视频后
        cv2.imshow("Video", image)                     # 在窗口中显示彩色视频
        cv2.imshow("Video_Gray", image_Gray)           # 在窗口中显示灰度视频
```

```
        key = cv2.waitKey(1)                          # 等待用户按下键盘按键的时间为 1ms
        if key == 32:                                 # 如果按下空格键
            break
capture.release()                                     # 关闭笔记本内置摄像头
cv2.destroyAllWindows()                               # 销毁显示摄像头视频的窗口
```

上述代码的运行结果如图 14.4 所示。

（a）彩色视频

（b）灰度视频

图 14.4　把彩色视频转换为灰度视频

实例 14.1 和实例 14.2 都用到了按键指令。当按下空格键时，关闭笔记本内置摄像头，销毁显示摄像头视频的窗口。那么，能否通过按键指令，保存并显示摄像头视频某一时刻的图像？带着这个疑问，请读者朋友继续阅读实例 14.3。

【实例 14.3】　显示并保存摄像头视频某一时刻的图像。（实例位置：资源包\TM\sl\14\03）

编写一个程序，打开笔记本内置摄像头实时读取并显示视频。当按下空格键时，关闭笔记本内置摄像头，保存并显示此时摄像头视频中的图像，代码如下：

```
import cv2

cap = cv2.VideoCapture(0, cv2.CAP_DSHOW)             # 打开笔记本内置摄像头
while (cap.isOpened()):                              # 笔记本内置摄像头被打开
    ret, frame = cap.read()                         # 从摄像头中实时读取视频
    cv2.imshow("Video", frame)                      # 在窗口中显示视频
    k = cv2.waitKey(1)                              # 等待用户按下键盘按键的时间为 1ms
    if k == 32:                                      # 按下空格键
        cap.release()                               # 关闭笔记本内置摄像头
        cv2.destroyWindow("Video")                  # 销毁名为 Video 的窗口
        cv2.imwrite("D:/copy.png", frame)           # 保存按下空格键时摄像头视频中的图像
        cv2.imshow('img', frame)                    # 显示按下空格键时摄像头视频中的图像
        cv2.waitKey()                               # 按下任何键盘按键后
        break
    cv2.destroyAllWindows()                          # 销毁显示图像的窗口
```

上述代码的运行结果如图 14.5 所示。

图 14.5　显示摄像头视频某一时刻的图像

实例 14.3 除能够显示摄像头视频某一时刻的图像外（见图 14.5），还能够把图 14.5 保存为 D 盘根目录下的 copy.png 文件，如图 14.6 所示。

图 14.6　把图 14.5 保存为 D 盘根目录下的 copy.png

实例 14.1～实例 14.3 打开的都是笔记本内置摄像头，如果在打开笔记本内置摄像头的同时，再打开一个连接笔记本的外置摄像头，应该如何实现呢？

【实例 14.4】　读取并显示 2 个摄像头视频。（实例位置：资源包\TM\sl\14\04）

编写一个程序，在打开笔记本内置摄像头实时读取并显示视频的同时，再打开一个连接笔记本的外置摄像头。当按下空格键时，关闭笔记本内置摄像头和连接笔记本的外置摄像头，销毁显示摄像头视频的窗口。代码如下：

```
import cv2

cap_Inner = cv2.VideoCapture(0, cv2.CAP_DSHOW)              # 打开笔记本内置摄像头
cap_Outer = cv2.VideoCapture(1, cv2.CAP_DSHOW)              # 打开一个连接笔记本的外置摄像头
while (cap_Inner.isOpened() & cap_Outer.isOpened()):        # 两个摄像头都被打开
    retval, img_Inner = cap_Inner.read()                   # 从笔记本内置摄像头中实时读取视频
    ret, img_Outer = cap_Outer.read()                      # 从连接笔记本的外置摄像头中实时读取视频
    # 在窗口中显示笔记本内置摄像头读取到的视频
    cv2.imshow("Video_Inner", img_Inner)
    # 在窗口中显示连接笔记本的外置摄像头读取到的视频
    cv2.imshow("Video_Outer", img_Outer)
    key = cv2.waitKey(1)                                   # 等待用户按下键盘按键的时间为 1ms
    if key == 32:                                          # 如果按下空格键
```

```
            break
cap_Inner.release()                                    # 关闭笔记本内置摄像头
cap_Outer.release()                                    # 关闭连接笔记本的外置摄像头
cv2.destroyAllWindows()                                # 销毁显示摄像头视频的窗口
```

上述代码的运行结果如图 14.7 和图 14.8 所示。其中,图 14.7 是读取并显示笔记本内置摄像头视频,图 14.8 是读取并显示连接笔记本的外置摄像头视频。

图 14.7　读取并显示笔记本内置摄像头视频　　　图 14.8　读取并显示连接笔记本的外置摄像头视频

14.2　播放视频文件

VideoCapture 类及其方法除了能够读取并显示摄像头视频外,还能够读取并显示视频文件。当窗口根据视频文件的时长显示视频文件时,便实现了播放视频文件的效果。

14.2.1　读取并显示视频文件

VideoCapture 类的构造方法 VideoCapture()不仅能够完成摄像头的初始化工作,还能够完成视频文件的初始化工作。当 VideoCapture()用于初始化视频文件时,其语法格式如下:

```
video = cv2.VideoCapture(filename)
```

参数说明:
☑　video:要打开的视频。
☑　filename:打开视频的文件名。例如,公司宣传.avi 等。

注意

OpenCV 中的 VideoCapture 类虽然支持各种格式的视频文件,但是它们在不同的操作系统中,支持的视频文件格式不同。尽管如此,VideoCapture 类能够在不同的操作系统中支持后缀名为.avi 的视频文件。

【实例 14.5】 读取并显示视频文件。（实例位置：资源包\TM\sl\14\05）

编写一个程序，读取并显示 PyCharm 当前项目路径下名为"公司宣传.avi"的视频文件。当按 Esc 键时，关闭视频文件并销毁显示视频文件的窗口，代码如下：

```python
import cv2

video = cv2.VideoCapture("公司宣传.avi")          # 打开视频文件
while (video.isOpened()):                          # 视频文件被打开
    retval, image = video.read()                   # 读取视频文件
    # 设置"Video"窗口的宽为 420，高为 300
    cv2.namedWindow("Video", 0)
    cv2.resizeWindow("Video", 420, 300)
    if retval == True:                             # 读取到视频文件
        cv2.imshow("Video", image)                 # 在窗口中显示读取到的视频文件
    else:                                          # 没有读取到视频文件
        break
    key = cv2.waitKey(1)                           # 等待用户按下键盘按键的时间为 1ms
    if key == 27:                                  # 如果按 Esc 键
        break
video.release()                                    # 关闭视频文件
cv2.destroyAllWindows()                            # 销毁显示视频文件的窗口
```

上述代码的运行结果如图 14.9 所示。

图 14.9　读取并显示名为"公司宣传.avi"的视频文件

说明

调整 waitKey()方法中的参数值可以控制视频文件的播放速度。例如，当代码为 cv2.waitKey(1) 时，等待用户按下键盘的时间为 1ms，视频文件的播放速度非常快；当代码为 cv2.waitKey(50)时，等待用户按下键盘的时间为 50ms，能够减缓视频文件的播放速度。

使用处理图像的相关方法，能够将摄像头视频由彩色视频转换为灰度视频。那么，使用相同的方法，也能够将视频文件由彩色视频转换为灰度视频。

【实例 14.6】　将视频文件由彩色视频转换为灰度视频。（实例位置：资源包\TM\sl\14\06）

编写一个程序，使用处理图像的相关方法，先将 PyCharm 当前项目路径下名为"公司宣传.avi"的视频文件由彩色视频转换为灰度视频，再显示转换后的灰度图像，代码如下：

```python
import cv2

video = cv2.VideoCapture("公司宣传.avi")              # 打开视频文件
while (video.isOpened()):                            # 视频文件被打开
    retval, img_Color = video.read()                # 读取视频文件
    # 设置 "Video" 窗口的宽为 420，高为 300
    cv2.namedWindow("Gray", 0)
    cv2.resizeWindow("Gray", 420, 300)
    if retval == True:                              # 读取到视频文件
        # 把 "公司宣传.avi" 由彩色视频转换为灰度视频
        img_Gray = cv2.cvtColor(img_Color, cv2.COLOR_BGR2GRAY)
        cv2.imshow("Gray", img_Gray)                # 在窗口中显示读取到的视频文件
    else: #  没有读取到视频文件
        break
    key = cv2.waitKey(1)                            # 等待用户按下键盘按键的时间为 1ms
    if key == 27:                                   # 如果按 Esc 键
        break
video.release()                                      # 关闭视频文件
cv2.destroyAllWindows()                              # 销毁显示视频文件的窗口
```

上述代码的运行结果如图 14.10 所示。

图 14.10　将"公司宣传.avi"由彩色视频转换为灰度视频

14.2.2　视频的暂停播放和继续播放

实例 14.5 使用 VideoCapture 类及其相关方法实现了在窗口中播放视频文件的效果。那么，能否在实例 14.5 的基础上，通过按键指令，在播放视频的过程中，实现视频的暂停播放和继续播放呢？答案是肯定的。

【实例 14.7】　视频的暂停播放和继续播放。（实例位置：资源包\TM\sl\14\07）

编写一个程序，读取并显示 PyCharm 当前项目路径下名为"公司宣传.avi"的视频文件。在播放视频文件的过程中，当按空格键时，暂停播放视频；当再次按空格键时，继续播放视频；当按 Esc 键时，关闭视频文件并销毁显示视频文件的窗口，代码如下：

```
import cv2

video = cv2.VideoCapture("公司宣传.avi")          # 打开视频文件
while (video.isOpened()):                         # 视频文件被打开
    retval, image = video.read()                 # 读取视频文件
    # 设置"Video"窗口的宽为 420，高为 300
    cv2.namedWindow("Video", 0)
    cv2.resizeWindow("Video", 420, 300)
    if retval == True:                           # 读取到视频文件
        cv2.imshow("Video", image)               # 在窗口中显示读取到的视频文件
    else: # 没有读取到视频文件
        break
    key = cv2.waitKey(50)                        # 等待用户按下键盘按键的时间为 50ms
    if key == 32:                                # 如果按空格键
        cv2.waitKey(0)                           # 无限等待用户按下键盘按键的时间，实现暂停效果
        continue                                 # 再按一次空格键，继续播放
    if key == 27:                                # 如果按 Esc 键
        break
video.release()                                  # 关闭视频文件
cv2.destroyAllWindows()                          # 销毁显示视频文件的窗口
```

上述代码的运行结果如图 14.11 和图 14.12 所示（其中，图 14.11 是暂停播放视频的效果，图 14.12 是继续播放视频的效果）。

图 14.11　暂停播放视频

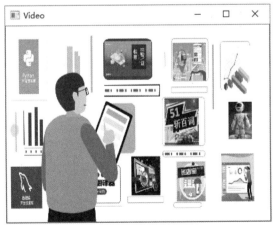

图 14.12　继续播放视频

14.2.3　获取视频文件的属性

在实际开发中，有时需要获取视频文件的属性。为此，VideoCapture 类提供了 get()方法。get()方法的语法格式如下：

```
retval = cv2.VideoCapture.get(propId)
```

参数说明：

☑　retval：获取与 propId 对应的属性值。

☑　propId：视频文件的属性值。

☑　VideoCapture 类提供视频文件的属性值及其含义如表 14.1 所示。

表 14.1　视频文件的属性值及其含义

视频文件的属性值	含　义
cv2.CAP_PROP_POS_MSEC	视频文件播放时的当前位置（单位：ms）
cv2.CAP_PROP_POS_FRAMES	帧的索引，从 0 开始
cv2.CAP_PROP_POS_AVI_RATIO	视频文件的相对位置（0 表示开始播放，1 表示结束播放）
cv2.CAP_PROP_FRAME_WIDTH	视频文件的帧宽度
cv2.CAP_PROP_FRAME_HEIGHT	视频文件的帧高度
cv2.CAP_PROP_FPS	帧速率
cv2.CAP_PROP_FOURCC	用 4 个字符表示的视频编码格式
cv2.CAP_PROP_FRAME_COUNT	视频文件的帧数
cv2.CAP_PROP_FORMAT	retrieve()方法返回的 Mat 对象的格式
cv2.CAP_PROP_MODE	指示当前捕获模式的后端专用的值
cv2.CAP_PROP_CONVERT_RGB	指示是否应将图像转换为 RGB

说明

（1）视频是由大量的、连续的图像构成的，把其中的每一幅图像称作一帧。

（2）帧数指的是视频文件中含有的图像总数，帧数越多，视频播放时越流畅。

（3）在播放视频的过程中，把每秒显示图像的数量称作帧速率（FPS，单位：帧/s）。

（4）帧宽度指的是图像在水平方向上含有的像素总数。

（5）帧高度指的是图像在垂直方向上含有的像素总数。

【实例 14.8】　获取并输出视频文件的指定属性值。（实例位置：资源包\TM\sl\14\08）

编写一个程序，使用 VideoCapture 类 get()方法，先获取"公司宣传.avi"的帧速率、帧数、帧宽度和帧高度，再把上述 4 个属性值输出在 PyCharm 的控制台上，代码如下：

```
import cv2

video = cv2.VideoCapture("公司宣传.avi")                      # 打开视频文件
fps = video.get(cv2.CAP_PROP_FPS)                          # 获取视频文件的帧速率
frame_Count = video.get(cv2.CAP_PROP_FRAME_COUNT)          # 获取视频文件的帧数
frame_Width = int(video.get(cv2.CAP_PROP_FRAME_WIDTH))     # 获取视频文件的帧宽度
frame_Height = int(video.get(cv2.CAP_PROP_FRAME_HEIGHT))   # 获取视频文件的帧高度
# 输出获取到的属性值
print("帧速率:", fps)
print("帧数:", frame_Count)
print("帧宽度:", frame_Width)
print("帧高度:", frame_Height)
```

上述代码的运行结果如图 14.13 所示。

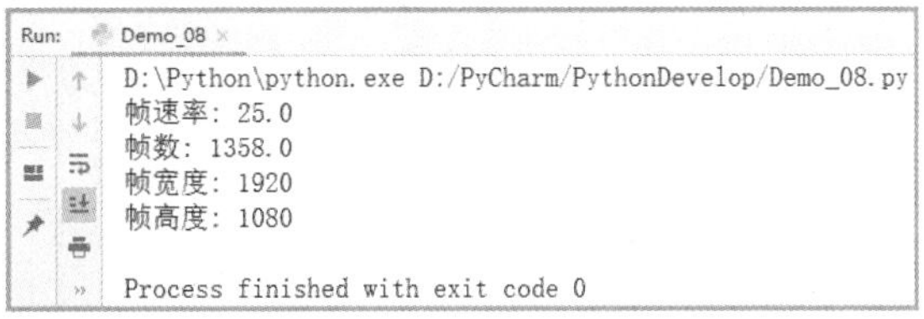

图 14.13　获取并输出"公司宣传.avi"的帧速率、帧数、帧宽度和帧高度

实例 14.8 演示了初始化视频文件后，获取并输出视频文件的指定属性值。那么，能否使得窗口在播放视频的同时，动态显示当前视频文件的属性值呢？例如，当前视频播放到第几帧，该帧对应着视频的第几秒等。

【实例 14.9】　动态显示视频文件的属性值。（实例位置：资源包\TM\sl\14\09）

编写一个程序，窗口在播放"公司宣传.avi"视频文件的同时，动态显示当前视频播放到第几帧和该帧对应视频的第几秒，代码如下：

```
import cv2

video = cv2.VideoCapture("公司宣传.avi")  # 打开视频文件
fps = video.get(cv2.CAP_PROP_FPS)        # 获取视频文件的帧速率
frame_Num = 1                            # 用于记录第几幅图像（即第几帧），初始值为 1（即第 1 幅图像）
while (video.isOpened()):                 # 视频文件被打开
    retval, frame = video.read()          # 读取视频文件
    # 设置"Video"窗口的宽为 420，高为 300
    cv2.namedWindow("Video", 0)
    cv2.resizeWindow("Video", 420, 300)
    if retval == True:                    # 读取到视频文件
        # 当前视频播放到第几帧
        cv2.putText(frame, "frame: " + str(frame_Num), (0, 100),
                cv2.FONT_HERSHEY_SIMPLEX, 2, (0, 0, 255), 5)
        # 该帧对应着视频的第几秒
        cv2.putText(frame, "second: " + str(round(frame_Num / fps, 2)) + "s",
```

197

```
                              (0, 200), cv2.FONT_HERSHEY_SIMPLEX, 2, (0, 0, 255), 5)
        cv2.imshow("Video", frame)              # 在窗口中显示读取到的视频文件
    else:                                        # 没有读取到视频文件
        break
    key = cv2.waitKey(50)                        # 等待用户按下键盘按键的时间为50ms
    frame_Num += 1 #
    if key == 27:                                # 如果按 Esc 键
        break
video.release()                                  # 关闭视频文件
cv2.destroyAllWindows()                          # 销毁显示视频文件的窗口
```

上述代码的运行结果如图 14.14 所示。

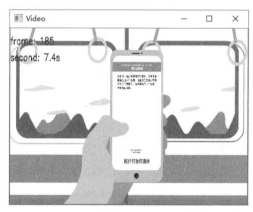

图 14.14　动态显示视频文件的属性值

说明

图 14.14 中的 185 和 7.4s 的含义是当前视频播放到第 185 帧，第 185 帧对应着"公司宣传.avi"视频文件中的第 7.4s。

14.3　保存视频文件

在实际开发过程中，很多时候希望保存一段视频。为此，OpenCV 提供了 VideoWriter 类。下面先来熟悉一下 VideoWriter 类中的常用方法。

14.3.1　VideoWriter 类

VideoWriter 类中的常用方法包括 VideoWriter 类的构造方法、write()方法和 release()方法。其中，VideoWriter 类的构造方法用于创建 VideoWriter 类对象，其语法格式如下：

```
<VideoWriter object> = cv2.VideoWriter(filename, fourcc, fps, frameSize)
```

参数说明：

☑　VideoWriter object：VideoWriter 类对象。

☑　filename：保存视频时的路径（含有文件名）。

☑　fourcc：用 4 个字符表示的视频编码格式。

☑　fps：帧速率。

☑　frameSize：每一帧的大小。

在 OpenCV 中，使用 cv2.VideoWriter_fourcc()来确定视频编码格式。表 14.2 列出了几个常用的视频编码格式。

表 14.2　常用的视频编码格式

fourcc 的值	视频编码格式	文件扩展名
cv2.VideoWriter_fourcc('I', '4', '2', '0')	未压缩的 YUV 颜色编码格式，兼容性好，但文件较大	.avi
cv2.VideoWriter_fourcc('P', 'I', 'M', 'I')	MPEG-1 编码格式	.avi
cv2.VideoWriter_fourcc('X', 'V', 'I', 'D')	MPEG-4 编码格式，视频文件的大小为平均值	.avi
cv2.VideoWriter_fourcc('T', 'H', 'E', 'O')	Ogg Vorbis 编码格式，兼容性差	.ogv
cv2.VideoWriter_fourcc('F', 'L', 'V', 'I')	Flash 视频编码格式	.flv

根据上述内容，即可创建一个 VideoWriter 类对象。

例如，在 Windows 操作系统下，fourcc 的值为 cv2.VideoWriter_fourcc('X', 'V', 'I', 'D')，帧速率为 20，帧大小为 640×480。如果想把一段视频保存为当前项目路径下的 output.avi，那么就要创建一个 VideoWriter 类对象 output，关键代码如下：

```
fourcc = cv2.VideoWriter_fourcc('X', 'V', 'I', 'D')
output = cv2.VideoWriter("output.avi", fourcc, 20, (640, 480))
```

上述代码也可以写作：

```
fourcc = cv2.VideoWriter_fourcc(* 'XVID')
output = cv2.VideoWriter("output.avi", fourcc, 20, (640, 480))
```

为了保存一段视频，除需要使用 VideoWriter 类的构造方法外，还需要使用 VideoWriter 类提供的 write()方法。write()方法的作用是在创建好的 VideoWriter 类对象中写入读取到的帧，其语法格式如下：

```
cv2.VideoWriter.write(frame)
```

参数说明：

☑　frame：读取到的帧。

199

注意

使用 write() 方法时，需要由 VideoWriter 类对象进行调用。例如，在创建好的 VideoWriter 类对象 output 中写入读取到的帧 frame，关键代码如下：

```
output.write(frame)
```

当不需要使用 VideoWriter 类对象时，需要将其释放掉。为此，VideoWriter 类提供了 release() 方法，其语法格式如下：

```
cv2.VideoWriter.release()
```

例如，完成保存一段视频后，需要释放 VideoWriter 类对象 output。关键代码如下：

```
output.release()
```

14.3.2　如何使用 VideoWriter 类

使用 VideoWriter 类保存一段视频需要经过以下几个步骤：创建 VideoWriter 类对象、写入读取到的帧、释放 VideoWriter 类对象等。而且，这段视频既可以是摄像头视频，也可以是视频文件。本节将使用 VideoWriter 类以实例的方式分别对保存摄像头视频和保存视频文件进行讲解。

【实例 14.10】　保存一段摄像头视频。（实例位置：资源包\TM\sl\14\10）

编写一个程序，首先打开笔记本内置摄像头，实时读取并显示视频；然后按 Esc 键，关闭笔记本内置摄像头，销毁显示摄像头视频的窗口，并且把从打开摄像头到关闭摄像头的这段视频保存为 PyCharm 当前项目路径下的 output.avi，代码如下：

说明

在 Windows 操作系统下，fourcc 的值为 cv2.VideoWriter_fourcc('X', 'V', 'I', 'D')，帧速率为 20，帧大小为 640 × 480。

```python
import cv2

capture = cv2.VideoCapture(0, cv2.CAP_DSHOW)           # 打开笔记本内置摄像头
fourcc = cv2.VideoWriter_fourcc('X', 'V', 'I', 'D')    # 确定视频被保存后的编码格式
output = cv2.VideoWriter("output.avi", fourcc, 20, (640, 480))  # 创建 VideoWriter 类对象
while (capture.isOpened()):                            # 笔记本内置摄像头被打开
    retval, frame = capture.read()                    # 从摄像头中实时读取视频
    if retval == True:                                # 读取到摄像头视频
        output.write(frame)                           # 在 VideoWriter 类对象中写入读取到的帧
        cv2.imshow("frame", frame)                    # 在窗口中显示摄像头视频
    key = cv2.waitKey(1)                              # 等待用户按下键盘按键的时间为 1ms
    if key == 27:                                     # 如果按 Esc 键
        break
```

```
capture.release()                              # 关闭笔记本内置摄像头
output.release()                               # 释放 VideoWriter 类对象
cv2.destroyAllWindows()                        # 销毁显示摄像头视频的窗口
```

在上述代码运行的过程中，按 Esc 键后，会在 PyCharm 当前项目路径（D:\PyCharm\PythonDevelop）下生成一个名为"output.avi"的视频文件，如图 14.15 所示。双击打开 D:\PyCharm\PythonDevelop 路径下的"output.avi"视频文件，即可浏览被保存的摄像头视频，如图 14.16 所示。

图 14.15　PyCharm 当前项目路径下的 output.avi

图 14.16　浏览被保存的摄像头视频

✎ **说明**

这里是使用笔记本内置摄像头录制的手机秒表的视频，读者可以根据自己的喜好录制其他视频。

实例 14.10 可以重复运行，由于 output.avi 已经存在于 PyCharm 当前项目路径下，因此新生成的 output.avi 会覆盖已经存在的 output.avi。

从图 14.16 中能够发现，笔者使用笔记本内置摄像头录制的视频时长为 26s。也就是说，从打开摄像头、到关闭摄像头的这段时间间隔为 26s，并且这段时间间隔由是否按 Esc 键决定。那么，能否对这段时间间隔进行设置呢？例如，打开摄像头并显示 10s 的摄像头视频？如果能，又该如何编写具有如此功能的代码呢？

【实例 14.11】　保存一段时长为 10s 的摄像头视频。（实例位置：资源包\TM\sl\14\11）

编写一个程序，首先打开笔记本内置摄像头，实时读取并显示视频；然后录制一段时长为 10s 的摄像头视频；10s 后，自动关闭笔记本内置摄像头，同时销毁显示摄像头视频的窗口，并且把这段时长为 10s 的摄像头视频保存为 PyCharm 当前项目路径下的 ten_Seconds.avi，代码如下：

```
import cv2

capture = cv2.VideoCapture(0, cv2.CAP_DSHOW)   # 打开笔记本内置摄像头
fourcc = cv2.VideoWriter_fourcc('X', 'V', 'I', 'D')   # 确定视频被保存后的编码格式
fps = 20                                        # 帧速率
# 创建 VideoWriter 类对象
```

```
output = cv2.VideoWriter("ten_Seconds.avi", fourcc, fps, (640, 480))
frame_Num = 10 * fps                           # 时长为 10s 的摄像头视频含有的帧数
# 笔记本内置摄像头被打开且时长为 10s 的摄像头视频含有的帧数大于 0
while (capture.isOpened() and frame_Num > 0):
    retval, frame = capture.read()             # 从摄像头中实时读取视频
    if retval == True:                         # 读取到摄像头视频
        output.write(frame) # 在 VideoWriter 类对象中写入读取到的帧
        cv2.imshow("frame", frame)             # 在窗口中显示摄像头视频
    key = cv2.waitKey(1)                       # 等待用户按下键盘按键的时间为 1ms
    frame_Num -= 1                             # 时长为 10s 的摄像头视频含有的帧数减少一帧
capture.release()                              # 关闭笔记本内置摄像头
output.release()                               # 释放 VideoWriter 类对象
cv2.destroyAllWindows()                        # 销毁显示摄像头视频的窗口
```

运行上述代码 10s 后，会在 PyCharm 当前项目路径下生成一个名为"ten_Seconds.avi"的视频文件。双击打开 D:\PyCharm\PythonDevelop 路径下的"ten_Seconds.avi"视频文件，即可浏览被保存的摄像头视频，如图 14.17 所示。

图 14.17　浏览被保存的、时长为 10s 的摄像头视频

实例 14.10 和实例 14.11 演示了如何使用 VideoWriter 类保存摄像头视频。VideoWriter 类不仅能保存摄像头视频，还能保存视频文件，而且保存视频文件与保存摄像头视频的步骤是相同的。接下来，仍以实例的方式演示如何使用 VideoWriter 类保存视频文件。

【实例 14.12】　保存视频文件。（实例位置：资源包\TM\sl\14\12）

编写一个程序，首先读取 PyCharm 当前项目路径下名为"公司宣传.avi"的视频文件，然后将"公司宣传.avi"视频文件保存为 PyCharm 当前项目路径下的 copy.avi，代码如下：

```
import cv2

video = cv2.VideoCapture("公司宣传.avi")        # 打开视频文件
fps = video.get(cv2.CAP_PROP_FPS)             # 获取视频文件的帧速率
# 获取视频文件的帧大小
size = (int(video.get(cv2.CAP_PROP_FRAME_WIDTH)),
        int(video.get(cv2.CAP_PROP_FRAME_HEIGHT)))
```

```
fourcc = cv2.VideoWriter_fourcc('X', 'V', 'I', 'D')        # 确定视频被保存后的编码格式
output = cv2.VideoWriter("copy.avi", fourcc, fps, size)    # 创建 VideoWriter 类对象
while (video.isOpened()):                                  # 视频文件被打开
    retval, frame = video.read()                           # 读取视频文件
    if retval == True:                                     # 读取到视频文件
        output.write(frame)                                # 在 VideoWriter 类对象中写入读取到的帧
    else:
        break
print("公司宣传.avi 已经保存为 PyCharm 当前项目路径下的 copy.avi。")  # 控制台输出提示信息
video.release()                                            # 关闭视频文件
output.release()                                           # 释放 VideoWriter 类对象
```

由于要以帧为单位，一边读取视频文件，一边保存视频文件，因此运行上述代码后，PyCharm 控制台没有立即输出代码中的提示信息，如图 14.18 所示。

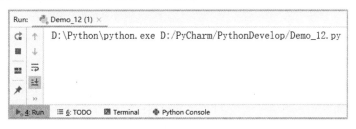

图 14.18　PyCharm 控制台没有立即输出代码中的提示信息

大约 1min 后，会在 PyCharm 当前项目路径下生成一个名为"copy.avi"的视频文件，如图 14.19 所示。这时，PyCharm 控制台也将输出如图 14.20 所示的提示信息。

图 14.19　PyCharm 当前项目路径下生成的 copy.avi

图 14.20　PyCharm 控制台将输出提示信息

双击打开 D:\PyCharm\PythonDevelop 路径下的"copy.avi"视频文件，即可浏览被保存的视频文件，如图 14.21 所示。

图 14.21　浏览被保存的"copy.avi"视频文件

从图 14.21 中能够发现，保存后的"copy.avi"视频文件的时长为 49s。那么，能否缩短"copy.avi"视频文件的时长？例如，只保存"公司宣传.avi"视频文件中的前 10s 视频？这是可以实现的，实现逻辑与实例 14.11 是相同的。

【实例 14.13】　保存视频文件中的前 10s 视频。（实例位置：资源包\TM\sl\14\13）

编写一个程序，首先读取 PyCharm 当前项目路径下名为"公司宣传.avi"的视频文件，然后将"公司宣传.avi"视频文件中的前 10s 视频保存为 PyCharm 当前项目路径下的 ten_Seconds.avi，代码如下：

```python
import cv2

video = cv2.VideoCapture("公司宣传.avi")                    # 打开视频文件
fps = video.get(cv2.CAP_PROP_FPS)                          # 获取视频文件的帧速率
# 获取视频文件的帧大小
size = (int(video.get(cv2.CAP_PROP_FRAME_WIDTH)),
        int(video.get(cv2.CAP_PROP_FRAME_HEIGHT)))
fourcc = cv2.VideoWriter_fourcc('X', 'V', 'I', 'D')        # 确定视频被保存后的编码格式
output = cv2.VideoWriter("ten_Seconds.avi", fourcc, fps, size)  # 创建 VideoWriter 类对象
frame_Num = 10 * fps # 视频文件的前 10s 视频含有的帧数
# 视频文件被打开后且视频文件的前 10s 视频含有的帧数大于 0
while (video.isOpened() and frame_Num > 0):
    retval, frame = video.read()                          # 读取视频文件
    if retval == True:                                    # 读取到视频文件
        output.write(frame)                               # 在 VideoWriter 类对象中写入读取到的帧
    frame_Num -= 1                                         # 视频文件的前 10s 视频含有的帧数减少一帧
# 控制台输出提示信息
print("公司宣传.avi 的前 10s 视频已经保存为 PyCharm 当前项目路径下的 ten_Seconds.avi。")
video.release()                                           # 关闭视频文件
output.release()                                          # 释放 VideoWriter 类对象
```

运行上述代码 10s 后，不仅会在 PyCharm 当前项目路径下生成一个名为"ten_Seconds.avi"视频文

件，而且会在 PyCharm 控制台输出提示信息。双击打开 D:\PyCharm\PythonDevelop 路径下的
"ten_Seconds.avi"视频文件，即可浏览被保存的视频文件，如图 14.22 所示。

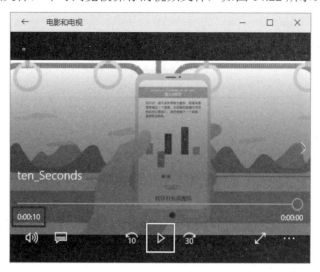

图 14.22　保存"公司宣传.avi"视频文件中的前 10s 视频

14.4　小　　结

　　视频是由一系列连续的图像构成的，这一系列连续的图像被称作帧，帧是以固定的时间间隔从视
频中获取的。因为视频播放的速度就是获取帧的速度，所以把视频播放的速度称作帧速率，其单位是
帧/s（即 1s 内出现的图像数）。所谓视频处理，处理的对象就是从视频中获取的帧，而后使用图像处
理的方法对获取的帧进行处理。OpenCV 提供了 VideoCapture 类和 VideoWriter 类处理视频，虽然这 2
个类在不同的操作系统中支持的视频文件的格式不同，但是这 2 个类在不同的操作系统中都支持 AVI
格式的视频文件。

第 15 章

人脸检测和人脸识别

人脸识别是基于人的脸部特征信息进行身份识别的一种生物识别技术，也是计算机视觉重点发展的技术。机器学习算法诞生之后，计算机可以通过摄像头等输入设备自动分析图像中包含的内容信息，随着技术的不断发展，现在已经有了多种人脸识别的算法。本章将介绍 OpenCV 自带的多种图像跟踪技术和 3 种人脸识别技术的用法。

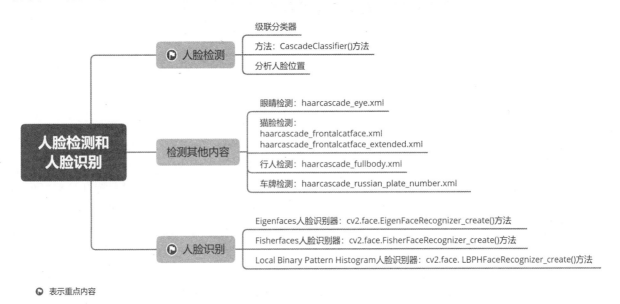

◉ 表示重点内容

15.1　人　脸　检　测

人脸检测是让计算机在一幅画面中找出人脸的位置。毕竟计算机还达不到人类的智能水平，所以计算机在检测人脸的过程中实际上是在做"分类"操作，例如，计算机发现图像中有一些像素组成了眼睛的特征，那这些像素就有可能是"眼睛"；如果"眼睛"旁边还有"鼻子"和"另一只眼睛"的特征，那这 3 个元素所在的区域就很有可能是人脸区域；但如果"眼睛"旁边缺少必要的"鼻子"和"另一只眼睛"，那就认为这些像素并没有组成人脸，它们不是人脸图像的一部分。

检测人脸的算法比较复杂，但 OpenCV 已经将这些算法封装好，本节将介绍如何利用 OpenCV 自带的功能进行人脸检测。

15.1.1　级联分类器

将一系列简单的分类器按照一定顺序级联到一起就构成了级联分类器，使用级联分类器的程序可以通过一系列简单的判断来对样本进行识别。例如，依次满足"有 6 条腿""有翅膀""有头、胸、腹"这 3 个条件的样本就可以被初步判断为昆虫，但如果任何一个条件不满足，则不会被认为是昆虫。

OpenCV 提供了一些已经训练好的级联分类器，这些级联分类器以 XML 文件的方式保存在以下路径中：

...\Python\Lib\site-packages\cv2\data\

路径说明：

- ☑ "...\Python\"：Python 虚拟机的本地目录。
- ☑ "\Lib\site-packages\"：pip 安装扩展包的默认目录。
- ☑ "\cv2\data\"：OpenCV 库的 data 文件夹。

例如，这里的 Python 虚拟机安装在 C:\Program Files\Python\目录下，级联分类器文件所在的位置如图 15.1 所示。

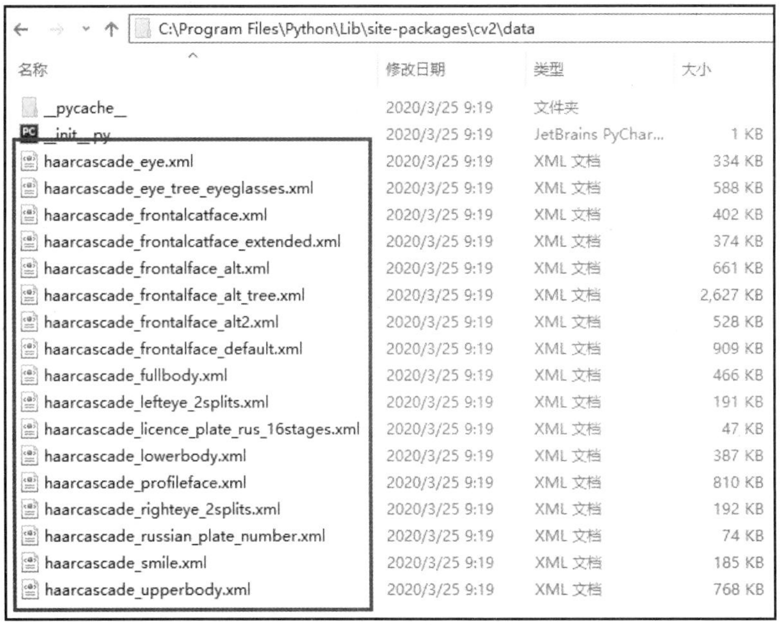

图 15.1　OpenCV 自带的级联分类器 XML 文件

不同版本的 OpenCV 自带的级联分类器 XML 文件可能会有差别，data 文件夹中缺少的 XML 文件可以到 OpenCV 的源码托管平台下载，地址为：https://github.com/opencv/opencv/tree/master/data/ haarcascades。

每一个 XML 文件都对应一种级联分类器，但有些级联分类器的功能是类似的（正面人脸识别分类器就有 3 个），表 15.1 是部分 XML 文件对应的功能，

表 15.1　部分级联分类器 XML 的功能

级联分类器 XML 文件名	检测的内容
haarcascade_eye.xml	眼睛检测
haarcascade_eye_tree_eyeglasses.xml	眼镜检测
haarcascade_frontalcatface.xml	正面猫脸检测
haarcascade_frontalface_default.xml	正面人脸检测
haarcascade_fullbody.xml	身形检测
haarcascade_lefteye_2splits.xml	左眼检测
haarcascade_lowerbody.xml	下半身检测
haarcascade_profileface.xml	侧面人脸检测
haarcascade_righteye_2splits.xml	右眼检测
haarcascade_russian_plate_number.xml	车牌检测
haarcascade_smile.xml	笑容检测
haarcascade_upperbody.xml	上半身检测

想要实现哪种图像检测，就要在程序启动时加载对应的级联分类器。下一节将介绍如何加载并使用这些 XML 文件。

15.1.2　方法

OpenCV 实现人脸检测需要做两步操作：加载级联分类器和使用分类器识别图像。这两步操作都有对应的方法。

首先是加载级联分类器，OpenCV 通过 CascadeClassifier()方法创建了分类器对象，其语法如下：

```
<CascadeClassifier object> = cv2.CascadeClassifier(filename)
```

参数说明：

☑　filename：级联分类器的 XML 文件名。

返回值说明：

☑　object：分类器对象。

然后使用已经创建好的分类器对图像进行识别，这个过程需要调用分类器对象的 detectMultiScale() 方法，其语法如下：

```
objects = cascade.detectMultiScale(image, scaleFactor, minNeighbors, flags, minSize, maxSize)
```

对象说明：

☑　cascade：已有的分类器对象。

参数说明：

☑　image：待分析的图像。

☑　scaleFactor：可选参数，扫描图像时的缩放比例。

☑　minNeighbors：可选参数，每个候选区域至少保留多少个检测结果才可以判定为人脸。该值越大，分析的误差越小。

☑　flags：可选参数，旧版本 OpenCV 的参数，建议使用默认值。

☑　minSize：可选参数，最小的目标尺寸。

☑　maxSize：可选参数，最大的目标尺寸。

返回值说明：

☑　objects：捕捉到的目标区域数组，数组中每一个元素都是一个目标区域，每一个目标区域都包含 4 个值，分别是：左上角点横坐标、左上角点纵坐标、区域宽、区域高。object 的格式为：
[[244　203　111　111] [432　81　133　133]]。

下一节将介绍如何在程序中使用这 2 个方法。

15.1.3　分析人脸位置

haarcascade_frontalface_default.xml 是检测正面人脸的级联分类器文件，加载该文件就可以创建出追踪正面人脸的分类器，调用分类器对象的 detectMultiScale()方法，得到的 objects 结果就是分析得出的人脸区域的坐标、宽和高。下面通过一个实例介绍如何实现此功能。

【实例 15.1】　在图像的人脸位置绘制红框。（实例位置：资源包\TM\sl\15\01）

将 haarcascade_frontalface_default.xml 文件放到项目根目录下的 cascades 文件夹中，加载此级联分类器之后，检测出所有可能是人脸的区域，通过 for 循环在这些区域上绘制红色边框，具体代码如下：

```
import cv2

img = cv2.imread("model.png")                              # 读取人脸图像
# 加载识别人脸的级联分类器
faceCascade = cv2.CascadeClassifier("cascades\\haarcascade_frontalface_default.xml")
faces = faceCascade.detectMultiScale(img, 1.15)            # 识别出所有人脸
for (x, y, w, h) in faces:                                 # 遍历所有人脸的区域
    cv2.rectangle(img, (x, y), (x + w, y + h), (0, 0, 255), 5)  # 在图像中人脸的位置绘制方框
    cv2.imshow("img", img)                                 # 显示最终处理的效果
    cv2.waitKey()                                          # 按下任何键盘按键后
    cv2.destroyAllWindows()                                # 释放所有窗体
```

上述代码的运行结果如图 15.2 所示。

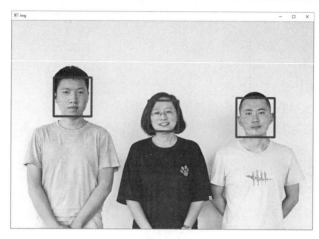

图 15.2   检测出的人脸位置

【实例 15.2】 戴墨镜特效。（实例位置：资源包\TM\sl\15\02）

手机拍照软件自带各种各样的贴图特效，实际上这些贴图特效就是先定位了人脸位置，然后在人脸相应位置覆盖素材实现的。OpenCV 也可以实现此类功能，例如为人脸添加戴墨镜的特效，需要执行以下 3 个步骤：

（1）编写一个覆盖图片的 overlay_img()方法。因为素材中可能包含透明像素，这些透明像素不可以遮挡人脸，所以在覆盖背景图像时要做判断，忽略所有透明像素。判断一个像素是否为透明像素，只需将图像从 3 通道转为 4 通道，判断第 4 通道的 alpha 值，alpha 值为 1 表示完全不透明，0 表示完全透明。

（2）创建人脸识别级联分类器，分析图像中人脸的区域。

（3）把墨镜图像按照人脸宽度进行缩放，并覆盖到人脸区域约 1/3 的位置。

实现以上功能的具体代码如下：

```python
import cv2

# 覆盖图像
def overlay_img(img, img_over, img_over_x, img_over_y):
img_w, img_p = img.shape                                              # 背景图像宽、高、通道数
    img_over_h, img_over_w, img_over_c = img_over.shape               # 覆盖图像高、宽、通道数
    if img_over_c == 3:
        img_over = cv2.cvtColor(img_over, cv2.COLOR_BGR2BGRA)         # 转换成 4 通道图像
    for w in range(0, img_over_w):                                    # 遍历列
        for h in range(0, img_over_h):                               # 遍历行
            if img_over[h, w, 3] != 0:                               # 如果不是全透明的像素
                for c in range(0, 3):                               # 遍历 3 个通道
                    x = img_over_x + w                               # 覆盖像素的横坐标
                    y = img_over_y + h                               # 覆盖像素的纵坐标
                    if x >= img_w or y >= img_h:                     # 如果坐标超出最大宽高
                        break                                        # 不做操作
                    img[y, x, c] = img_over[h, w, c]                 # 覆盖像素
    return img                                                        # 完成覆盖的图像
```

```
face_img = cv2.imread("face.png")                          # 读取人脸图像
glass_img = cv2.imread("glass.png", cv2.IMREAD_UNCHANGED)   # 读取眼镜图像，保留图像类型
height, width, channel = glass_img.shape                   # 获取眼镜图像高、宽、通道数
# 加载级联分类器
face_cascade = cv2.CascadeClassifier("./cascades/haarcascade_frontalface_default.xml")
garyframe = cv2.cvtColor(face_img, cv2.COLOR_BGR2GRAY)      # 转为黑白图像
faces = face_cascade.detectMultiScale(garyframe, 1.15, 5)  # 识别人脸
for (x, y, w, h) in faces:                                 # 遍历所有人脸的区域
    gw = w                                                 # 眼镜缩放之后的宽度
    gh = int(height * w / width)                           # 眼镜缩放之后的高度
    glass_img = cv2.resize(glass_img, (gw, gh))            # 按照人脸大小缩放眼镜
    overlay_img(face_img, glass_img, x, y + int(h * 1 / 3)) # 将眼镜绘制到人脸上
cv2.imshow("screen", face_img)                             # 显示最终处理的效果
cv2.waitKey()                                              # 按下任何键盘按键后
cv2.destroyAllWindows()                                    # 释放所有窗体
```

上述代码的运行效果如图 15.3 所示。

图 15.3　戴墨镜特效

15.2　检测其他内容

OpenCV 提供的级联分类器除了可以识别人脸以外，还可以识别一些其他具有明显特征的物体，如眼睛、行人等。本节将介绍几个 OpenCV 自带的级联分类器的用法。

15.2.1　眼睛检测

haarcascade_eye.xml 是检测眼睛的级联分类器文件，加载该文件就可以追踪眼睛的分类器，下面通过一个实例来介绍如何实现此功能。

【实例 15.3】 在图像的眼睛位置绘制红框。（实例位置：资源包\TM\sl\15\03）

将 haarcascade_eye.xml 文件放到项目根目录下的 cascades 文件夹中，加载此级联分类器之后，检测出所有可能是眼睛的区域，通过 for 循环在这些区域上绘制红色边框，具体代码如下：

```python
import cv2
img = cv2.imread("model.png")                          # 读取人脸图像
# 加载识别眼睛的级联分类器
eyeCascade = cv2.CascadeClassifier("cascades\\haarcascade_eye.xml")
eyes = eyeCascade.detectMultiScale(img, 1.15)          # 识别出所有眼睛
for (x, y, w, h) in eyes:                               # 遍历所有眼睛的区域
    cv2.rectangle(img, (x, y), (x + w, y + h), (0, 0, 255), 5)   # 在图像中眼睛的位置绘制方框
cv2.imshow("img", img)                                 # 显示最终处理的效果
cv2.waitKey()                                          # 按下任何键盘按键后
cv2.destroyAllWindows()                                # 释放所有窗体
```

上述代码的运行结果如图 15.4 所示。

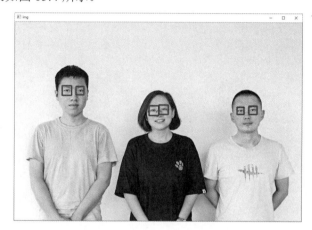

图 15.4 检测出的眼睛位置

15.2.2 猫脸检测

OpenCV 还提供了 2 个训练好的检测猫脸的级联分类器，分别是 haarcascade_frontalcatface.xml 和 haarcascade_frontalcatface_extended.xml，前者的判断标准比较高，较为精确，但可能有些猫脸识别不出来；后者的判断标准比较低，只要类似猫脸就会被认为是猫脸。使用猫脸分类器不仅可以判断猫脸的位置，还可以识别图像中有几只猫。

下面通过一个实例来介绍如何实现此功能。

【实例 15.4】 在图像里找到猫脸的位置。（实例位置：资源包\TM\sl\15\04）

为了得到比较理想的检测结果，建议使用 haarcascade_frontalcatface_extended.xml。将 haarcascade_frontalcatface_extended.xml 文件放到项目根目录下的 cascades 文件夹中，加载此级联分类器之后，检测出所有可能是猫脸的区域，通过 for 循环在这些区域上绘制红色边框，具体代码如下：

```
import cv2
img = cv2.imread("cat.jpg")                                    # 读取猫脸图像
# 加载识别猫脸的级联分类器
catFaceCascade = cv2.CascadeClassifier("cascades\\haarcascade_frontalcatface_extended.xml")
catFace = catFaceCascade.detectMultiScale(img, 1.15, 4)        # 识别出所有猫脸
for (x, y, w, h) in catFace:                                   # 遍历所有猫脸的区域
    cv2.rectangle(img, (x, y), (x + w, y + h), (0, 0, 255), 5)  # 在图像中猫脸的位置绘制方框
cv2.imshow("Where is your cat ?", img)                         # 显示最终处理的效果
cv2.waitKey()                                                  # 按下任何键盘按键后
cv2.destroyAllWindows()                                        # 释放所有窗体
```

上述代码的运行结果如图 15.5 所示。

图 15.5　检测出猫脸的位置

15.2.3　行人检测

haarcascade_fullbody.xml 是检测人体（正面直立全身或背面直立全身）的级联分类器文件，加载该文件就可以追踪人体的分类器，下面通过一个实例介绍如何实现此功能。

【实例 15.5】　在图像中找到行人的位置。（实例位置：资源包\TM\sl\15\05）

将 haarcascade_fullbody.xml 文件放到项目根目录下的 cascades 文件夹中，加载此级联分类器之后，检测出所有可能是人形的区域，通过 for 循环在这些区域上绘制红色边框，具体代码如下：

```
import cv2
img = cv2.imread("monitoring.jpg")                            # 读取图像
# 加载识别类人体的级联分类器
bodyCascade = cv2.CascadeClassifier("cascades\\haarcascade_fullbody.xml")
bodys = bodyCascade.detectMultiScale(img, 1.15, 4)            # 识别出所有人体
for (x, y, w, h) in bodys:                                    # 遍历所有人体区域
    cv2.rectangle(img, (x, y), (x + w, y + h), (0, 0, 255), 5)  # 在图像中人体的位置绘制方框
cv2.imshow("img", img)                                        # 显示最终处理的效果
```

```
cv2.waitKey()                                        # 按下任何键盘按键后
cv2.destroyAllWindows()                              # 释放所有窗体
```

上述代码的运行结果如图 15.6 所示。

图 15.6　检测出的行人位置

15.2.4　车牌检测

haarcascade_russian_plate_number.xml 是检测汽车车牌的级联分类器文件，加载该文件就可以追踪图像中的车牌，下面通过一个实例来介绍如何实现此功能。

【实例 15.6】　标记图像中车牌的位置。（实例位置：资源包\TM\sl\15\06）

将 haarcascade_russian_plate_number.xml 文件放到项目根目录下的 cascades 文件夹中，加载此级联分类器之后，检测出所有可能是车牌的区域，通过 for 循环在这些区域上绘制红色边框，具体代码如下：

```
import cv2
img = cv2.imread("car.jpg")                          # 读取车的图像
# 加载识别车牌的级联分类器
plateCascade = cv2.CascadeClassifier("cascades\\haarcascade_russian_plate_number.xml")
plates = plateCascade.detectMultiScale(img, 1.15, 4)  # 识别出所有车牌
for (x, y, w, h) in plates:                          # 遍历所有车牌区域
    cv2.rectangle(img, (x, y), (x + w, y + h), (0, 0, 255), 5)  # 在图像中车牌的位置绘制方框
cv2.imshow("img", img)                               # 显示最终处理的效果
cv2.waitKey()                                        # 按下任何键盘按键后
cv2.destroyAllWindows()                              # 释放所有窗体
```

上述代码的运行结果如图 15.7 所示。

图 15.7　检测出的车牌位置

15.3　人　脸　识　别

OpenCV 提供了 3 种人脸识别方法，分别是 Eigenfaces、Fisherfaces 和 LBPH。这 3 种方法都是通过对比样本的特征最终实现人脸识别。因为这 3 种算法提取特征的方式不一样，侧重点不同，所以不能分出孰优孰劣，只能说每种方法都有各自的识别风格。

OpenCV 为每一种人脸识别方法都提供了创建识别器、训练识别器和识别 3 种方法，这 3 种方法的语法非常相似。本节将简单介绍如何使用这些方法。

15.3.1　Eigenfaces 人脸识别器

Eigenfaces 也叫作"特征脸"。Eigenfaces 通过 PCA（主成分分析）方法将人脸数据转换到另外一个空间维度做相似性计算。在计算过程中，算法可以忽略一些无关紧要的数据，仅识别一些具有代表性的特征数据，最后根据这些特征识别人脸。

开发者需要通过以下 3 种方法完成人脸识别操作。

（1）通过 cv2.face.EigenFaceRecognizer_create()方法创建 Eigenfaces 人脸识别器，其语法如下：

```
recognizer = cv2.face.EigenFaceRecognizer_create(num_components, threshold)
```

参数说明：

☑　num_components：可选参数，PCA 方法中保留的分量个数，建议使用默认值。

☑　threshold：可选参数，人脸识别时使用的阈值，建议使用默认值。

返回值说明：

☑　recognizer：创建的 Eigenfaces 人脸识别器对象。

（2）创建识别器对象后，需要通过对象的 train()方法训练识别器。建议每个人都给出 2 幅以上的人脸图像作为训练样本。train()方法的语法如下：

```
recognizer.train(src, labels)
```

对象说明：

☑   recognizer：已有的 Eigenfaces 人脸识别器对象。

参数说明：

☑   src：用来训练的人脸图像样本列表，格式为 list。样本图像必须宽、高一致。

☑   labels：样本对应的标签，格式为数组，元素类型为整数。数组长度必须与样本列表长度相同。样本与标签按照插入顺序一一对应。

（3）训练识别器后可以通过识别器的 predict()方法识别人脸，该方法对比样本的特征，给出最相近的结果和评分，其语法如下：

```
label, confidence = recognizer.predict(src)
```

对象说明：

☑   recognizer：已有的 Eigenfaces 人脸识别器对象。

参数说明：

☑   src：需要识别的人脸图像，该图像宽、高必须与样本一致。

返回值说明：

☑   label：与样本匹配程度最高的标签值。

☑   confidence：匹配程度最高的信用度评分。评分小于 5000 匹配程度较高，0 分表示 2 幅图像完全一样。

下面通过一个实例来演示 Eigenfaces 人脸识别器的用法。

【实例 15.7】 使用 Eigenfaces 识别人脸。（实例位置：资源包\TM\sl\15\07）

现以两个人的照片作为训练样本，第一个人的照片如图 15.8～图 15.10 所示，第二个人的照片如图 15.11～图 15.13 所示。

图 15.8　Summer 1　　　　图 15.9　Summer 2　　　　图 15.10　Summer 3

图 15.11　Elvis 1

图 15.12　Elvis 2

图 15.13　Elvis 3

待识别的照片如图 15.14 所示。

图 15.14　待识别照片

创建 Eigenfaces 人脸识别器对象，训练以上样本后，判断图 15.13 所示是哪一个人，具体代码如下：

```python
import cv2
import numpy as np

photos = list()                                    # 样本图像列表
lables = list()                                    # 标签列表
photos.append(cv2.imread("face\\Summer1.png", 0))  # 记录 Summer 1 人脸图像
lables.append(0)                                   # Summer1 图像对应的标签
photos.append(cv2.imread("face\\Summer2.png", 0))  # 记录 Summer2 人脸图像
lables.append(0)                                   # Summer 2 图像对应的标签
photos.append(cv2.imread("face\\Summer3.png", 0))  # 记录 Summer3 人脸图像
lables.append(0)                                   # Summer3 图像对应的标签

photos.append(cv2.imread("face\\Elvis1.png", 0))   # 记录 Elvis1 人脸图像
lables.append(1)                                   # Elvis1 图像对应的标签
photos.append(cv2.imread("face\\Elvis2.png", 0))   # 记录 Elvis2 人脸图像
lables.append(1)                                   # Elvis2 图像对应的标签
photos.append(cv2.imread("face\\Elvis3.png", 0))   # 记录 Elvis3 人脸图像
lables.append(1)                                   # Elvis3 图像对应的标签

names = {"0": "Summer", "1": "Elvis"}              # 标签对应的名称字典
```

```
recognizer = cv2.face.EigenFaceRecognizer_create()      # 创建特征脸识别器
recognizer.train(photos, np.array(lables))              # 识别器开始训练

i = cv2.imread("face\\summer4.png", 0)                  # 待识别的人脸图像
label, confidence = recognizer.predict(i)               # 识别器开始分析人脸图像
print("confidence = " + str(confidence))                # 打印评分
print(names[str(label)])                                # 数组字典里标签对应的名字
```

上述代码的运行结果如下：

```
confidence = 18669.728291380223
Summer
```

程序对比样本特征分析得出，被识别的人物特征最接近的是 Summer。

15.3.2　Fisherfaces 人脸识别器

Fisherfaces 是由 Ronald Fisher 最早提出的，这也是 Fisherfaces 名字的由来。Fisherfaces 通过 LDA（线性判别分析技术）方法将人脸数据转换到另外一个空间维度做投影计算，最后根据不同人脸数据的投影距离判断其相似度。

开发者需要通过以下 3 种方法完成人脸识别操作。

（1）通过 cv2.face.FisherFaceRecognizer_create()方法创建 Fisherfaces 人脸识别器，其语法如下：

```
recognizer = cv2.face.FisherFaceRecognizer_create(num_components, threshold)
```

参数说明：

☑　num_components：可选参数，通过 Fisherface 方法进行判断分析时保留的分量个数，建议使用默认值。

☑　threshold：可选参数，人脸识别时使用的阈值，建议使用默认值。

返回值说明：

☑　recognizer：创建的 Fisherfaces 人脸识别器对象。

（2）创建识别器对象后，需通过对象的 train()方法训练识别器。建议每个人都给出 2 幅以上的人脸图像作为训练样本。train()方法的语法如下：

```
recognizer.train(src, labels)
```

对象说明：

☑　recognizer：已有的 Fisherfaces 人脸识别器对象。

参数说明：

☑　src：用来训练的人脸图像样本列表，格式为 list。样本图像必须宽、高一致。

☑　labels：样本对应的标签，格式为数组，元素类型为整数。数组长度必须与样本列表长度相同。样本与标签按照插入顺序一一对应。

（3）训练识别器后可以通过识别器的 predict()方法识别人脸，该方法对比样本的特征，给出最相

近的结果和评分，其语法如下：

```
label, confidence = recognizer.predict(src)
```

对象说明：

☑ recognizer：已有的 Fisherfaces 人脸识别器对象。

参数说明：

☑ src：需要识别的人脸图像，该图像宽、高必须与样本一致。

返回值说明：

☑ label：与样本匹配程度最高的标签值。

☑ confidence：匹配程度最高的信用度评分。评分小于 5000 程度较高，0 分表示 2 幅图像完全一样。

下面通过一个实例演示 Fisherfaces 人脸识别器的用法。

【实例 15.8】 使用 Fisherfaces 识别人脸。（实例位置：资源包\TM\sl\15\08）

现以 2 个人的照片作为训练样本，第一个人的照片如图 15.15～图 15.17 所示，第二个人的照片如图 15.18～图 15.20 所示。

图 15.15　Mike 1

图 15.16　Mike 2

图 15.17　Mike 3

图 15.18　KaiKai 1

图 15.19　KaiKai 2

图 15.20　KaiKai 3

待识别的照片如图 15.21 所示。

图 15.21　待识别照片

创建 Fisherfaces 人脸识别器对象，训练以上样本后，判断图 15.21 是哪一个人，具体代码如下：

```python
import cv2
import numpy as np

photos = list()                                          # 样本图像列表
lables = list()                                          # 标签列表
photos.append(cv2.imread("face\\Mike1.png", 0))          # 记录 Mike1 人脸图像
lables.append(0)                                         # Mike1 图像对应的标签
photos.append(cv2.imread("face\\Mike2.png", 0))          # 记录 Mike2 人脸图像
lables.append(0)                                         # Mike2 图像对应的标签
photos.append(cv2.imread("face\\Mike3.png", 0))          # 记录 Mike3 人脸图像
lables.append(0)                                         # Mike3 图像对应的标签

photos.append(cv2.imread("face\\KaiKai1.png", 0))        # 记录 KaiKai1 人脸图像
lables.append(1)                                         # KaiKai1 图像对应的标签
photos.append(cv2.imread("face\\kaikai2.png", 0))        # 记录 KaiKai2 人脸图像
lables.append(1)                                         # KaiKai2 图像对应的标签
photos.append(cv2.imread("face\\kaikai3.png", 0))        # 记录 KaiKai3 人脸图像
lables.append(1)                                         # KaiKai3 图像对应的标签

names = {"0": "Mike", "1": " KaiKai"}                    # 标签对应的名称字典

recognizer = cv2.face.FisherFaceRecognizer_create()      # 创建线性判别分析识别器
recognizer.train(photos, np.array(lables))               # 识别器开始训练

i = cv2.imread("face\\Mike4.png", 0)                     # 待识别的人脸图像
label, confidence = recognizer.predict(i)                # 识别器开始分析人脸图像
print("confidence = " + str(confidence))                 # 打印评分
print(names[str(label)])                                 # 数组字典里标签对应的名字
```

上述代码的运行结果如下：

```
confidence = 2327.170867892041
Mike
```

程序对比样本特征分析得出，被识别的人物特征最接近的是 KaiKai。

15.3.3　Local Binary Pattern Histogram 人脸识别器

Local Binary Pattern Histogram 简称 LBPH，即局部二进制模式直方图，这是一种基于局部二讲制模式算法，这种算法善于捕获局部纹理特征。

开发者需要通过以下 3 种方法来完成人脸识别操作。

（1）通过 cv2.face. LBPHFaceRecognizer_create()方法创建 LBPH 人脸识别器，其语法如下：

```
recognizer = cv2.face.LBPHFaceRecognizer_create(radius, neighbors, grid_x, grid_y, threshold)
```

参数说明：

☑　radius：可选参数，圆形局部二进制模式的半径，建议使用默认值。

☑　neighbors：可选参数，圆形局部二进制模式的采样点数目，建议使用默认值。

返回值说明：

☑　grid_x：可选参数，水平方向上的单元格数，建议使用默认值。

☑　grid_y：可选参数，垂直方向上的单元格数，建议使用默认值。

☑　threshold：可选参数，人脸识别时使用的阈值，建议使用默认值。

（2）创建识别器对象后，需要通过对象的 train()方法训练识别器。建议每个人都给出 2 幅以上的人脸图像作为训练样本。train()方法的语法如下：

```
recognizer.train(src, labels)
```

对象说明：

☑　recognizer：已有的 LBPH 人脸识别器对象。

参数说明：

☑　src：用来训练的人脸图像样本列表，格式为 list。样本图像必须宽、高一致。

☑　labels：样本对应的标签，格式为数组，元素类型为整数。数组长度必须与样本列表长度相同。样本与标签按照插入顺序一一对应。

（3）训练识别器后就可以通过识别器的 predict()方法识别人脸，该方法对比样本的特征，给出最相近的结果和评分，其语法如下：

```
label, confidence = recognizer.predict(src)
```

对象说明：

☑　recognizer：已有的 LBPH 人脸识别器对象。

参数说明：

☑　src：需要识别的人脸图像，该图像宽、高必须与样本一致。

返回值说明：

☑　label：与样本匹配程度最高的标签值。

☑ confidence：匹配程度最高的信用度评分。评分小于 50 匹配程度较高，0 分表示 2 幅图像完全一样。

下面通过一个实例来演示 LBPH 人脸识别器的用法。

【实例 15.9】　使用 LBPH 识别人脸。（实例位置：资源包\TM\sl\15\09）

现以 2 个人的照片作为训练样本，第一个人的照片如图 15.22～图 15.24 所示，第二个人的照片如图 15.25～图 15.27 所示。

图 15.22　lxe 1　　　　　图 15.23　lxe 2　　　　　图 15.24　lxe 3

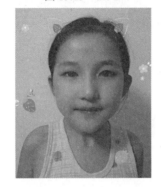

图 15.25　RuiRui 1　　　　图 15.26　RuiRui 2　　　　图 15.27　RuiRui 3

待识别的照片如图 15.28 所示。

图 15.28　待识别照片

创建 LBPH 人脸识别器对象，训练以上样本之后，判断图 15.27 是哪一个人，具体代码如下：

```python
import cv2
import numpy as np

photos = list()                                      # 样本图像列表
lables = list()                                      # 标签列表
photos.append(cv2.imread("face\\lxe1.png", 0))       # 记录 lxe1 人脸图像
lables.append(0)                                     # lxe1 图像对应的标签
photos.append(cv2.imread("face\\lxe2.png", 0))       # 记录 lxe2 人脸图像
lables.append(0)                                     # lxe2 图像对应的标签
photos.append(cv2.imread("face\\lxe3.png", 0))       # 记录 lxe3 人脸图像
lables.append(0)                                     # lxe3 图像对应的标签

photos.append(cv2.imread("face\\RuiRui1.png", 0))    # 记录 RuiRui1 人脸图像
lables.append(1)                                     # RuiRui1 图像对应的标签
photos.append(cv2.imread("face\\ruirui2.png", 0))    # 记录 RuiRui2 人脸图像
lables.append(1)                                     # RuiRui2 图像对应的标签
photos.append(cv2.imread("face\\ruirui3.png", 0))    # 记录 RuiRui3 人脸图像
lables.append(1)                                     # RuiRui3 图像对应的标签

names = {"0": "LXE", "1": "RuiRui"}                   # 标签对应的名称字典

recognizer = cv2.face.LBPHFaceRecognizer_create()    # 创建 LBPH 识别器
recognizer.train(photos, np.array(lables))           # 识别器开始训练

i = cv2.imread("face\\ruirui4.png", 0)               # 待识别的人脸图像
label, confidence = recognizer.predict(i)            # 识别器开始分析人脸图像
print("confidence = " + str(confidence))             # 打印评分
print(names[str(label)])                             # 数组字典里标签对应的名字
```

上述代码的运行结果如下：

```
confidence = 45.082326535640014
RuiRui
```

程序对比样本特征分析得出，被识别的人物特征最接近的是 RuiRui。

15.4　小　　结

人脸检测和人脸识别是相辅相成的，这是因为在进行人脸识别前，要先判断当前图像内是否出现了人脸，这个判断过程需要由人脸检测完成。只有在当前图像内检测到人脸，才能判断出这张人脸属于哪个人，这个判断是由人脸识别器完成的。因此，人脸识别指的是程序先在图像内检测人脸，再识别这张人脸属于哪个人的过程。本章讲解了 3 种人脸识别器，读者要熟练掌握这 3 种人脸识别器的实现方法和实现原理。

第 4 篇　项目篇

本篇将通过一个完整的小型 MR 智能视频打卡系统，按照"需求分析→系统设计→文件系统设计→数据实体模块设计→工具模块设计→服务模块设计→程序入口设计"顺序，手把手地指导读者运用 Python OpenCV 完成软件项目的开发。

第 16 章

MR 智能视频打卡系统

很多公司都使用打卡机或打卡软件进行考勤。传统的打卡方式包括点名、签字、刷卡和指纹等。随着技术的不断发展，计算机视觉技术越来越强大，已经可以实现人脸打卡功能。打卡软件通过摄像头扫描人脸特征，利用人脸的差异识别人员。人脸打卡的准确性不输于指纹打卡，甚至安全性和便捷性都高于指纹打卡。本章将介绍一个由 Python OpenCV 开发的智能视频打卡系统。

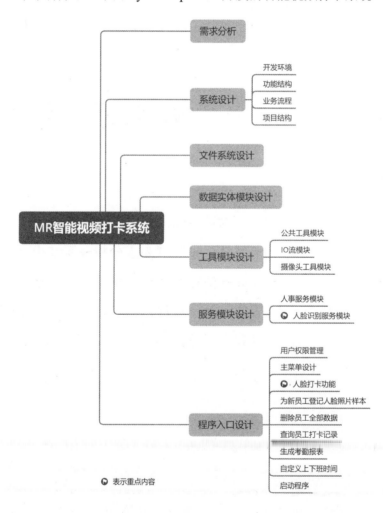

16.1　需 求 分 析

打卡系统有 3 个核心功能：录入打卡人的资料、员工打卡和查看打卡记录，在满足核心功能的基础上需要完善一些附加功能和功能细节。在开发 MR 智能视频打卡系统前，先对本系统的一些需求进行如下拆解和分析。

1. 数据模型

本系统不使用第三方数据库，所有数据都以文本的形式保存在文件中，因此要规范数据内容和格式，建立统一模型。

若把软件的使用者设定为"公司"，那么打卡者身份可设定为"员工"，程序中数据模型就应该是员工数据类。

每一位员工都有姓名，"姓名"就作为员工类中必备的数据之一。

因为员工可能会重名，所以必须使用另一种标记作为员工身份的认证，即为每一位员工添加不重复的员工编号。员工编号的格式为从 1 开始递增数字，每添加一位新员工，员工编号就+1。员工类中添加"员工编号"。

系统中必须保存所有员工的照片用于人脸识别。为了区分每位员工的照片文件，程序使用"员工特征码 + 随机值.png"的规则为照片文件命名。如果使用员工编号作为特征码，1 号员工和 11 号员工的文件名容易发生混淆，所以特征码不能使用员工编号，而是一种长度一致、复杂性高、不重复的字符串。员工类中添加"特征码"。

员工与编号、姓名、特征码是一对一的关系，但员工与打卡记录是一对多的关系，所以打卡记录可以放在员工类中保存，而不是单独保存在打卡记录模型中。打卡记录需要记录每一位员工的具体打卡时间，并能以报表的形式体现。可以使用字段保存打卡记录模型，员工姓名作为 key，该员工的打卡记录列表作为 value。

2. 打卡功能

人脸打卡依赖于人脸识别功能。本程序可以使用 OpenCV 提供的人脸识别器实现此功能，建议使用正确率较高的 LBPH 识别器，其他识别器也可以考虑，但需要做好测试验证。

系统通过拍照保存员工的照片样本。当员工面对摄像头时，按 Enter 键就可以生成一张正面特写照片文件。为了增加识别准确率，每位员工应拍 3 张照片，也就是按 3 次 Enter 键才能完成录入操作。

OpenCV 提供的人脸识别器有一个缺陷：必须比对 2 种不同样本才能进行判断。如果公司第一次使用打卡系统，系统中没有录入任何员工，缺少比对样本，OpenCV 提供的人脸识别器就会报错。因此本系统应该给出几个无人脸的默认样本，保证即使只录入一个员工，该员工也能顺利打卡。

每次员工打卡成功后，都应该记录该员工的打卡时间，然后保存到文件中。

3. 数据维护

数据维护总结起来就是增、删、改、查 4 种操作。简化版的打卡系统可以忽略"改"的操作，由先删除，再新增的方式代替。

本系统除了提供录入新员工的功能之外，也提供删除已有员工的功能。删除员工之前应输入验证码进行验证，以防用户操作失误，误删重要数据。确认执行删除操作后，不仅要删除员工的信息，也要同时删除员工的打卡记录和照片文件。完成删除操作后，所有数据文件中不再存有被删员工的任何数据。

4. 考勤报表

每个公司的考勤制度都不同，很多公司都主动设置"上班时间"和"下班时间"来做考勤的标准。员工要在"上班时间"之前打卡才算正常到岗，在"下班时间"之后打卡才算正常离岗。未在规定时间内打卡的情况属于"打卡异常"，"打卡异常"通常分为 3 种情况：迟到、早退或缺席（或缺勤）。

本系统分析每一位员工在某一天的打卡记录，如果该员工在"上班时间"前和"下班时间"后都有打卡记录，则认为该员工当天全勤，该员工当天的其他打卡记录会被忽略。但如果该员工在"上班时间"前未能打卡，而是在"上班时间"后到中午 12 点前打卡，这种情况被视为迟到。如果该员工在"下班时间"后未能打卡，而是在中午 12 点之后到"下班时间"前打卡，这种情况被视为早退。当天没有打卡记录被视为缺席。

16.2 系 统 设 计

16.2.1 开发环境

本系统开发使用的环境如下：

Python 版本：3.8.2

OpenCV 版本：4.2.0

numpy 版本：1.18.1

IED：PyCharm 2019.3.3 (Community Edition)

操作系统：Windows 7/Windows 10

16.2.2 功能结构

MR 智能视频打卡系统的功能结构如图 16.1 所示。

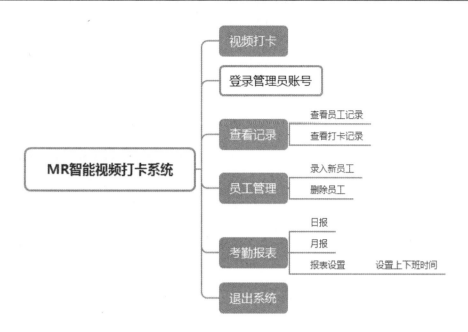

图 16.1　功能结构

16.2.3　业务流程

MR 智能视频打卡系统的总体业务流程如图 16.2 所示。

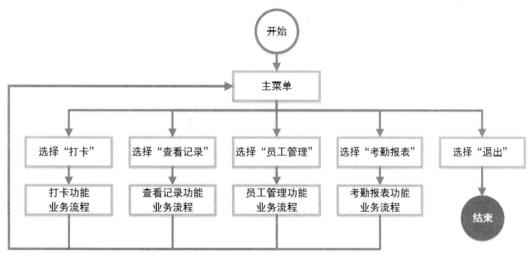

图 16.2　总体业务流程

打卡功能业务流程如图 16.3 所示。

查看记录功能业务流程如图 16.4 所示。

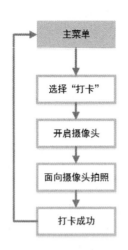

图 16.3 打卡功能的业务流程

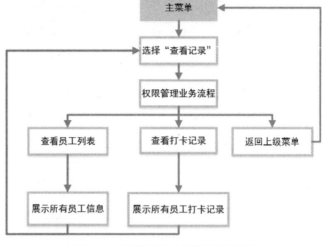

图 16.4 查看记录功能的业务流程

员工管理功能业务流程如图 16.5 所示。

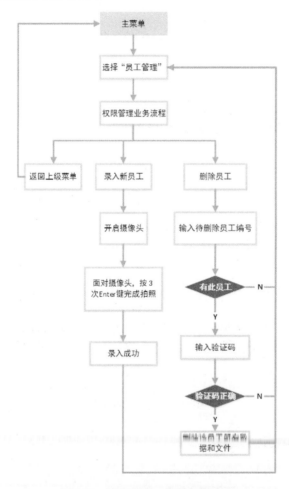

图 16.5 员工管理功能的业务流程

考勤报表功能业务流程如图 16.6 所示。

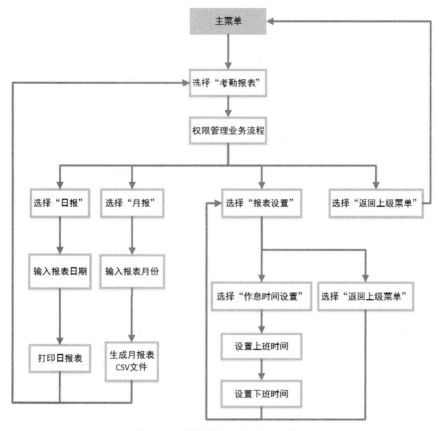

图 16.6　考勤报表功能的业务流程

员工管理、查看记录和考勤报表这 3 个功能中都涉及权限管理业务。如果用户要使用这 3 个功能，需要登录管理员账号，只有登录成功后才有权使用。权限管理业务流程如图 16.7 所示。

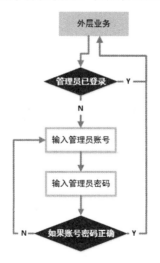

图 16.7　权限管理业务流程

16.2.4 项目结构

MR 智能视频打卡系统的项目结构如下：

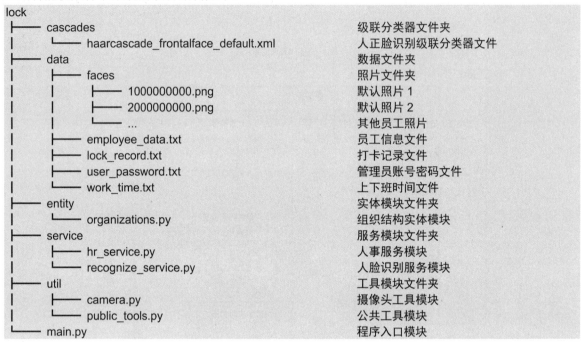

```
lock
├── cascades                                       级联分类器文件夹
│       └── haarcascade_frontalface_default.xml    人正脸识别级联分类器文件
├── data                                           数据文件夹
│   ├── faces                                      照片文件夹
│   │       ├── 1000000000.png                     默认照片 1
│   │       ├── 2000000000.png                     默认照片 2
│   │       └── ...                                其他员工照片
│   ├── employee_data.txt                          员工信息文件
│   ├── lock_record.txt                            打卡记录文件
│   ├── user_password.txt                          管理员账号密码文件
│   └── work_time.txt                              上下班时间文件
├── entity                                         实体模块文件夹
│       └── organizations.py                       组织结构实体模块
├── service                                        服务模块文件夹
│   ├── hr_service.py                              人事服务模块
│   └── recognize_service.py                       人脸识别服务模块
├── util                                           工具模块文件夹
│   ├── camera.py                                  摄像头工具模块
│   └── public_tools.py                            公共工具模块
└── main.py                                        程序入口模块
```

16.3 文件系统设计

本程序没有使用任何数据库保存数据，而是采用直接读写文件的方式来保存数据。项目中的所有数据文件都保存在 data 文件夹中。

程序使用的数据文件及文件夹信息如表 16.1 所示。

表 16.1   程序使用的数据文件及文件夹信息

所 在 路 径	文 件 名	说 明
/data/	employee_data.txt	保存所有员工信息的文件
/data/	lock_record.txt	保存所有员工打卡记录的文件
/data/	work_time.txt	保存上下班时间
/data/	user_password.txt	保存管理员的账号和密码
/data/face/	.png	员工的照片（PNG 格式图片文件，包括默认图像）

下面详细介绍每种数据文件的内容格式。

（1）employee_data.txt 文件以字符串的形式保存所有员工的数据，数据之间用英文逗号隔开，一行保存一个员工。其格式如下：

```
编号 1,姓名 1,特征码 1
编号 2,姓名 2,特征码 2
...
```

例如，employee_data.txt 文件保存的实际内容可能如下：

```
1,张三,526380
2,李四,571096
3,王五,381609
```

（2）lock_record.txt 文件以字符串的形式保存数据，数据格式为打卡记录字典的字符串内容，其格式如下：

```
{姓名 a: [日期 list], 姓名 b: [日期 list], ... , 姓名 n：[日期 list]}
```

例如，lock_record.txt 文件保存的实际内容可能如下：

```
{'张三': ['2020-04-15 14:59:54'], '李四': ['2020-04-15 15:02:08'], '王五': ['2020-04-15 15:11:02', '2020-04-15 15:35:49']}
```

（3）work_time.txt 文件以字符串的形式保存数据，其格式如下：

```
08:00:00/16:00:00
```

前一个时间为上班时间，后一个时间为下班时间，格式均为%H:%M:%S。系统以这 2 个时间为标准判断员工是否出现迟到、早退。

（4）user_password.txt 文件以字符串的形式保存数据，数据格式为管理员账号密码字典的字符串内容，其格式如下：

```
{管理员账号:管理员密码}
```

例如，user_password.txt 文件保存的实际内容可能如下：

```
{'mr': 'mrsoft', '123456': '123456'}
```

用户可以在这个文件中手动修改管理员账号和密码。

（5）/data/face/文件夹下保存的是所有员工的照片文件，格式为 PNG。每张照片的大小都是 640×480。每名员工需保存 3 张照片。

该文件夹下还有 2 个默认的图像文件，文件名分别为 1000000000.png 和 2000000000.png。这是 2 幅纯色图像，用于辅助训练人脸识别器。

人脸识别器使用样本进行训练时，至少要有 2 个以上的标签分类。如果程序中仅保存了一位员工的照片，人脸识别器无法拿此员工照片与其他样本做对比，人脸识别器就会报错，此时 2 幅默认图像文件就充当了对比样本，以防止人脸识别器无法完成训练。当程序录入了足够多的员工信息后，这 2

幅默认图像虽然丧失了功能，但也不会影响识别器的识别能力。

16.4　数据实体模块设计

entity 包下的 organizations.py 文件用于封装数据模型。该文件中设计了员工类，并提供一些维护数据的方法。接下来将详细介绍 organizations.py 中的代码。

1. 构建员工类

创建 Employee 类作为员工类，并创建包含 3 个参数的构造方法。3 个参数分别是员工编号、员工姓名和员工特征码。员工类将作为系统的最重要的数据模型，以对象的方式保存每一位员工的信息。

员工类的代码如下（代码位置：资源包\TM\sl\16\clock\entity\organizations.py）：

```
# 员工类
class Employee:
        def __init__(self, id, name, code):
            self.name = name                    # 员工姓名
            self.id = id                        # 员工编号
            self.code = code                    # 员工特征码
```

2. 全局变量

organizations.py 中的全局变量较多，主要用来当作系统缓存保存所有数据。这些全局代码包括：

- ☑ LOCK_RECORD　实时保存员工的打卡记录。
- ☑ EMPLOYEES　实时保存所有员工信息。
- ☑ MAX_ID　记录当前最大 ID，可在录入新员工时，为新员工分配新 ID。
- ☑ CODE_LEN　开发者可以通过修改 CODE_LEN 的值来控制员工特征码的长度，默认长度为 6 位。
- ☑ WORK_TIME　上班时间，用来判断员工打卡情况。程序启动时由 IO 流模块为其赋值。
- ☑ CLOSING_TIME　下班时间，功能同 WORK_TIME。
- ☑ USERS　系统所有管理员的账号和密码字典，用于校验用户输入的管理员账号和密码。

这些全局代码如下（代码位置：资源包\TM\sl\16\clock\entity\organizations.py）：

```
LOCK_RECORD = dict()                    # 打卡记录字典，格式为{姓名：[时间 1，时间 2]}
EMPLOYEES = list()                      # 全体员工列表
MAX_ID = 0                              # 目前可用的最大 ID
CODE_LEN = 6                            # 特征码的默认长度
WORK_TIME = ""                          # 上班时间
CLOSING_TIME = ""                       # 下班时间
USERS = dict()                          # 管理员账号密码
```

3. 增删员工

organizations.py 提供了添加新员工和删除员工的方法，其他模块需要调用这些方法来进行增删操作，不应直接修改 EMPLOYEES 列表中的数据。

add()方法用于向组织中增加新员工，因为不需要对数据做校验，所以方法中的代码非常少。该方法代码如下（代码位置：资源包\TM\sl\16\clock\entity\organizations.py）：

```
# 添加新员工
def add(e: Employee):
    EMPLOYEES.append(e)
```

remove()方法用于删除组织中的员工，参数为员工编号。方法遍历员工列表，找到该员工之后，将该员工删除，如果该员工有过打卡记录，同时将其打卡记录删除，该方法代码如下：

```
# 删除指定 ID 的员工记录
def remove(id):
    for emp in EMPLOYEES:
        if str(id) == str(emp.id):
            EMPLOYEES.remove(emp)                    # 员工列表中删除员工
            if emp.name in LOCK_RECORD.keys():       # 如果存在该员工的打卡记录
                del LOCK_RECORD[emp.name]            # 删除该员工的打卡记录
            break
```

4. 分配 ID

员工编号是员工的唯一标识，有新员工加入时，应为其分配最新编号。

get_new_id()方法用于生成新员工编号，其生成规则为"当前最大的员工编号 + 1"，这样可以保证所有编号都不重复，该方法代码如下（代码位置：资源包\TM\sl\16\clock\entity\organizations.py）：

```
# 获取新员工的 ID
def get_new_id():
    global MAX_ID              # 调用全局变量
    MAX_ID += 1               # 当前最大的 ID + 1
    return MAX_ID
```

16.5　工具模块设计

本系统的工具模块包含 3 个文件：public_tools.py、io_tools.py 和 camera.py。本节将详细介绍这 3 个文件中的代码。

16.5.1　公共工具模块

uitl 文件夹下的 public_tools.py 就是本程序的公共工具模块，该模块提供了以下功能。

☑ 生成随机数和随机特征码。

☑ 校验时间字符串格式。

下面详细介绍 public_tools.py 中的代码。

1. 导入模块

公共工具涉及随机数和日期格式，所以导入 random 和 datetime 两个服务模块。生成随机特征码需要通过 organizations.py 获取特征码长度，所以也要导入数据实体模块，代码如下（代码位置：资源包 \TM\sl\16\clock\util\public_tools.py）：

```python
import random
import datetime
from entity import organizations as o
```

2. 生成随机数

特征码、照片文件名和验证码都用到了随机数，公共工具模块提供了一个生成指定位数数字的 randomNumber()方法，其参数就是数字的位数。例如，参数为 4，生成的参数就是 4 位数，且不会以 0 开头。该方法最后返回的是字符串类。

randomNumber()方法的具体代码如下（代码位置：资源包\TM\sl\16\clock\util\public_tools.py）：

```python
# 随机生成长度为 len 的数字
def randomNumber(len):
    first = str(random.randint(1, 9))                        # 第一位取非 0 数
    last = "".join(random.sample("1234567890", len - 1))     # 后几位随机拼接任意数字
    return first + last
```

特征码实际上是长度固定的随机码，特征码的程度保存在数据实体模块的 CODE_LEN 变量中，可以直接调用 randomNumber(CODE_LEN)创建特征码。特征码最好保持 6 位以上，这样才能降低特征码重复的概率。

randomCode()就是生成特征码的方法，该方法代码如下（代码位置：资源包\TM\sl\16\clock\util\public_tools.py）：

```python
# 随机生成与特征码长度相等的数字
def randomCode():
    return randomNumber(o.CODE_LEN)                          # 特征码的长度
```

3. 校验时间格式

```python
# 校验时间格式
def valid_time(str):
    try:
        datetime.datetime.strptime(str, "%H:%M:%S")
        return True
    except:
        return False
```

```
# 校验年月格式
def valid_year_month(str):
    try:
        datetime.datetime.strptime(str, "%Y-%m")
        return True
    except:
        return False

# 校验日期格式
def valid_date(date):
    try:
        datetime.datetime.strptime(date, "%Y-%m-%d")
        return True
    except:
        return False
```

16.5.2　IO 流模块

uitl 文件夹下的 io_tools.py 是本程序的 IO 流工具模块，该模块提供了以下功能。

☑　封装所有对文件的读写操作，包括加载员工信息、加载打卡记录、加载照片文件、删除员工信息、删除打卡记录等。

☑　文件自检功能。

☑　创建 CSV 文件。

下面详细介绍 io_tools.py 中的代码。

1. 导入模块

IO 流工具将文件中的数据保存到数据实体模块中，需导入 os 模块和 organizations.py 文件。因为删除图片需要员工特征码，所以需要人事服务模块提供相关功能，代码如下（代码位置：资源包 \TM\sl\16\clock\util\io_tools.py）：

```
from service import hr_service as hr
from entity import organizations as o
from service import recognize_service as rs
import os
import cv2
import numpy as np
```

2. 全局变量

全局变量中保存了各个数据文件配置，包含文件路径、文件名和照片的宽和高。这里使用了 os 模块提供的 os.getcwd()方法来获取项目根目录。全局变量的代码如下（代码位置：资源包 \TM\sl\16\clock\util\io_tools.py）：

```
PATH = os.getcwd() + "\\data\\"                          # 数据文件夹根目录
```

```
PIC_PATH = PATH + "faces\\"                              # 照片文件夹
DATA_FILE = PATH + "employee_data.txt"                   # 员工信息文件
WORK_TIME = PATH + "work_time.txt"                       # 上下班时间配置文件
USER_PASSWORD = PATH + "user_password.txt"              # 管理员账号密码文件
RECORD_FILE = PATH + "lock_record.txt"                  # 打卡记录文件
IMG_WIDTH = 640                                          # 图像的统一宽度
IMG_HEIGHT = 480                                         # 图像的统一高度
```

3. 文件自检方法

为了防止用户误删数据文件而导致程序无法正常运行，公共工具模块提供了 checking_data_files()
文件自检方法。该方法在程序启动时执行，然后自动检查所有数据文件的状态，如果发现丢失文件（或
文件夹），就会自动创建新的空数据文件（或文件夹）。该方法代码如下（代码位置：资源包
\TM\sl\16\clock\util\io_tools.py）：

```python
# 自检，检查默认文件缺失
def checking_data_files():
    if not os.path.exists(PATH):
        os.mkdir(PATH)
        print("数据文件夹丢失，已重新创建: " + PATH)
    if not os.path.exists(PIC_PATH):
        os.mkdir(PIC_PATH)
        print("照片文件夹丢失，已重新创建: " + PIC_PATH)
    sample1 = PIC_PATH + "1000000000.png"                                        # 样本 1 文件路径
    if not os.path.exists(sample1):
        sample_img_1 = np.zeros((IMG_HEIGHT, IMG_WIDTH, 3), np.uint8)  # 创建一个空内容图像
        sample_img_1[:, :, 0] = 255                                              # 改为纯蓝图像
        cv2.imwrite(sample1, sample_img_1)                                       # 保存此图像
        print("默认样本 1 已补充")
    sample2 = PIC_PATH + "2000000000.png"                                        # 样本 2 文件路径
    if not os.path.exists(sample2):
        sample_img_2 = np.zeros((IMG_HEIGHT, IMG_WIDTH, 3), np.uint8)  # 创建一个空内容图像
        sample_img_2[:, :, 1] = 255                                              # 改为纯蓝图像
        cv2.imwrite(sample2, sample_img_2)                                       # 保存此图像
        print("默认样本 2 已补充")
    if not os.path.exists(DATA_FILE):
        open(DATA_FILE, "a+")                    # 附加读写方式打开文件，达到创建空文件目的
        print("员工信息文件丢失，已重新创建: " + DATA_FILE)
    if not os.path.exists(RECORD_FILE):
        open(RECORD_FILE, "a+")                  # 附加读写方式打开文件，达到创建空文件目的
        print("打卡记录文件丢失，已重新创建: " + RECORD_FILE)
    if not os.path.exists(USER_PASSWORD):
        # 附加读写方式打开文件，达到创建空文件目的
        file = open(USER_PASSWORD, "a+", encoding="utf-8")
        user = dict()
        user["mr"] = "mrsoft"
        file.write(str(user))                    # 将默认管理员账号密码写入文件中
        file.close()                             # 关闭文件
        print("管理员账号密码文件丢失，已重新创建: " + RECORD_FILE)
```

```
if not os.path.exists(WORK_TIME):
    # 附加读写方式打开文件，达到创建空文件目的
    file = open(WORK_TIME, "a+", encoding="utf-8")
    file.write("09:00:00/17:00:00")           # 将默认时间写入文件中
    file.close()   # 关闭文件
    print("上下班时间配置文件丢失，已重新创建：" + RECORD_FILE)
```

4. 从文件中加载数据。

本系统中的所有数据都保存在文本文件中，当程序启动时，需要加载所有数据，包括员工信息、员工打卡记录和员工照片。这 3 类数据都有各自的加载方法。

load_employee_info()是加载员工信息的方法，该方法读取全局变量指定的员工信息文件，将文件中的内容逐行读取，然后通过英文逗号分隔，根据分隔出的数据创建员工对象，最后把员工对象保存在员工列表中。这样就完成了员工信息的加载。

在读取员工数据的同时，该方法也会记录出现过的最大员工编号，并将最大员工编号赋值给数据实体模块。

load_employee_info()方法的具体代码如下（代码位置：资源包\TM\sl\16\clock\util\io_tools.py）：

```
# 加载全部员工信息
def load_employee_info():
    max_id = 1;                                  # 最大员工 ID
    file = open(DATA_FILE, "r", encoding="utf-8")     # 打开文件，只读
    for line in file.readlines():                # 遍历文件中的行内容
        id, name, code = line.rstrip().split(",")     # 去除换行符，并分隔字符串信息
        o.add(o.Employee(id, name, code))         # 组织结构中添加员工信息
        if int(id) > max_id:                     # 如果发现某员工的 ID 更大
            max_id = int(id)                     # 修改最大 ID
    o.MAX_ID = max_id                            # 记录最大 ID
    file.close()                                 # 关闭文件
```

load_lock_record()是加载员工打卡记录的方法。该方法读取全局变量指定的打卡记录文件，因为文件保存的是打卡记录字典的字符串内容，所以直接将文件中所有文本读出，然后转换成字典类型，最后将转换后的字典对象直接赋值数据实体模块即可。

load_lock_record()方法的具体代码如下（代码位置：资源包\TM\sl\16\clock\util\io_tools.py）：

```
# 载入所有打卡记录
def load_lock_record():
    file = open(RECORD_FILE, "r", encoding="utf-8")   # 打开打卡记录文件，只读
    text = file.read()                           # 读取所有文本
    if len(text) > 0:                            # 如果存在文本
        o.LOCK_RECORD = eval(text)               # 将文本转换成打卡记录字典
    file.close()                                 # 关闭文件
```

load_employee_pic()是加载员工照片文件的方法，该方法首先遍历全局变量指定的照片文件夹，读取每一张照片文件并封装成 OpenCV 中的图像对象，然后从文件名中截取特征码，将特征码作为人脸识别的标签，最后将图像、标签统一提交人脸识别器进行训练。

load_employee_pic()方法的具体代码如下（代码位置：资源包\TM\sl\16\clock\util\io_tools.py）：

```python
# 加载员工图像
def load_employee_pic():
    photos = list()                                          # 样本图像列表
    lables = list()                                          # 标签列表
    pics = os.listdir(PIC_PATH)                              # 读取所有照片
    if len(pics) != 0:                                       # 如果照片文件不是空的
        for file_name in pics:                              # 遍历所有图像文件
            code = file_name[0:o.CODE_LEN]                  # 截取文件名开头的特征码
            photos.append(cv2.imread(PIC_PATH + file_name, 0))  # 以灰度图像的方式读取样本
            lables.append(int(code))                        # 样本的特征码作为训练标签
        rs.train(photos, lables)                            # 识别器训练样本
    else:                                                   # 不存在任何照片
        print("Error >> 员工照片文件丢失，请重新启动程序并录入员工信息！")
```

load_work_time_config()是上下班时间配置文件的方法。因为配置文件中保存的数据格式非常简单，所以该方法直接将文件中所有内容读取出来，按照"/"字符截取，并将截取的数据赋值数据实体的全局变量。

load_work_time_config()方法的具体代码如下（代码位置：资源包\TM\sl\16\clock\util\io_tools.py）：

```python
# 加载上下班时间数据
def load_work_time_config():
    file = open(WORK_TIME, "r", encoding="utf-8")    # 打开上下班时间记录文件，只读
    text = file.read().rstrip()                       # 读取所有文本
    times = text.split("/")                           # 分割字符串
    o.WORK_TIME = times[0]                            # 第 1 个值是上班时间
    o.CLOSING_TIME = times[1]                         # 第 2 个值是下班时间
    file.close()                                      # 关闭文件
```

load_users()是加载管理员账号密码文件的方法。因为文件保存的是管理员账号和密码字典的字符串内容，所以直接将文件中所有文本读出来，然后转换成字典类型，最后将转换之后的字典对象直接赋值数据实体模块即可

load_users()方法的具体代码如下（代码位置：资源包\TM\sl\16\clock\util\io_tools.py）：

```python
# 加载管理员账号和密码
def load_users():
    file = open(USER_PASSWORD, "r", encoding="utf-8")  # 打开管理员账号文件，只读
    text = file.read()                                  # 读取所有文本
    if len(text) > 0:                                   # 如果存在文本
        o.USERS = eval(text)                           # 将文本转换成打卡记录字典
    file.close()                                        # 关闭文件
```

5．将数据保存到文件中

既然有加载数据的方法，也就应该有保存数据的方法。当数据发生变化时，程序应立即将变化后的数据保存到本地硬盘上。公共工具模块提供了 2 种将数据保存到文件中的方法（保存新员工照片的

方法由摄像头工具模块提供）。

save_employee_all()方法可以将员工列表中的数据保存到员工数据文件中。该方法首先打开文件的写权限，以覆盖的方式替换文件中的内容，然后遍历所有员工，将员工信息通过英文逗号和换行符拼接到一起，最后将拼接的文本写入文件中。

save_employee_all()方法的具体代码如下（代码位置：资源包\TM\sl\16\clock\util\io_tools.py）：

```python
# 将员工信息持久化
def save_employee_all():
    file = open(DATA_FILE, "w", encoding="utf-8")         # 打开员工信息文件，只写，覆盖
    info = "";                                            # 待写入的字符串
    for emp in o.EMPLOYEES:                               # 遍历所有员工信息
        # 拼接员工信息
        info += str(emp.id) + "," + str(emp.name) + "," + str(emp.code) + "\n"
    file.write(info)                                      # 将这些员工信息写入文件中
    file.close()                                          # 关闭文件
```

save_lock_record()方法可以将打卡记录字典中的数据保存到打卡记录数据文件中，其逻辑与保存员工数据的方法类似，只不过不需要拆分或拼接数据，而是直接把字典对象转换成字符串，将转换得到的字符串覆盖到打卡记录数据文件中。

save_lock_record()方法的具体代码如下（代码位置：资源包\TM\sl\16\clock\util\io_tools.py）：

```python
# 将打卡记录持久化
def save_lock_record():
    file = open(RECORD_FILE, "w", encoding="utf-8")       # 打开打卡记录文件，只写，覆盖
    info = str(o.LOCK_RECORD)                             # 将打卡记录字典转换成字符串
    file.write(info)                                      # 将字符串内容写入文件中
    file.close()                                          # 关闭文件
```

save_work_time_config()方法可以将数据实体中的上班时间和下班时间保存到文件中。先按照"上班时间/下班时间"格式拼接 2 个时间的字符串，然后将拼接好的内容写入上下班配置文件中。

save_work_time_config ()方法的具体代码如下（代码位置：资源包\TM\sl\16\clock\util\io_tools.py）：

```python
# 将上下班时间写到文件中
def save_work_time_config():
    file = open(WORK_TIME, "w", encoding="utf-8")         # 打开上下班时间录文件，只写，覆盖
    times = str(o.WORK_TIME) + "/" + str(o.CLOSING_TIME)
    file.write(times)                                     # 将字符串内容写入文件中
    file.close()                                          # 关闭文件
```

6. 删除照片

当一名员工被删除，该员工的照片就成了系统的垃圾文件，若不及时清除不仅会占用空间，还会加重人脸识别器的训练成本。

remove_pics()方法就是公共工具模块提供的删除指定员工照片的方法，参数为被删除的员工编号。该方法首先通过员工编号获取该员工的特征码，然后到照片文件夹中遍历所有文件，只要文件名以此员工的特征码开头，就将文件删除。删除后在控制台打印删除日志以提醒用户。

remove_pics()方法的具体代码如下（代码位置：资源包\TM\sl\16\clock\util\io_tools.py）：

```
# 删除指定员工的所有照片
def remove_pics(id):
    pics = os.listdir(PIC_PATH)                    # 读取所有照片文件
    code = str(hr.get_code_with_id(id))            # 获取该员工的特征码
    for file_name in pics:                         # 遍历文件
        if file_name.startswith(code):             # 如果文件名以特征码开头
            os.remove(PIC_PATH + file_name)        # 删除此文件
            print("删除照片：" + file_name)
```

7. 生成 CSV 文件

考勤月报是一个内容非常多的报表，不适合在控制台中展示，但很适合生成 Excel 报表来展示。因为使用 Python 技术创建 Excel 文件需要下载并导入第三方模块，会加重读者的学习压力，所以这里使用更简单的 CSV 格式文件来展示报表。Excel 可以直接打开 CSV 文件。

CSV 文件实际上是一个文本文件，每一行文字都对应 Excel 中的一行内容。CSV 文件将每一行文字内容用英文逗号分隔，Excel 根据这些英文逗号自动将文字内容分配到每一列中。

create_CSV()方法专门用来创建 CSV 文件，第一个参数是 CSV 文件的文件名，这个名称不包含后缀；第二个参数是 CSV 文件写入的文本内容。方法会将 CSV 文件生成在/data/文件夹下，因为大部分电脑都是用 Windows 系统，所以按照 gbk 字符编码写入内容，这样可以保证 Windows 系统下使用 Excel 打开 CSV 文件不会发生乱码。

create_CSV()方法的具体代码如下：

```
# 生成 csv 文件，采用 Windows 默认的 gbk 编码
def create_CSV(file_name, text):
    file = open(PATH + file_name + ".csv", "w", encoding="gbk")    # 打开文件，只写，覆盖
    file.write(text)                                               # 将文本写入文件中
    file.close()                                                   # 关闭文件
    print("已生成文件，请注意查看：" + PATH + file_name + ".csv")
```

16.5.3 摄像头工具模块

uitl 文件夹下的 camera.py 是本程序的摄像头工具模块，该模块提供了以下功能：
- ☑ 开启摄像头打卡。
- ☑ 开启摄像头为员工拍照。

下面详细介绍 camera.py 中的代码。

1. 导入模块

摄像头模块需要调用 OpenCV 和人脸识别服务的方法来实现拍照和视频打卡功能。因为打卡成功后要显示员工姓名，所以还需调用人事服务模块提供的方法，代码如下（代码位置：资源包\TM\sl\16\clock\util\camera.py）：

```
import cv2
from util import public_tools as tool
from util import io_tools as io
from service import recognize_service as rs
from service import hr_service as hr
```

2. 全局变量

录入新用户时需为新用户拍照，用户通过按键盘按键完成拍照。全局变量保存了键盘上 Esc 键和 Enter 键的 ASCII 码，OpenCV 对比这 2 个变量来判断用户按了哪个按键，代码如下（代码位置：资源包\TM\sl\16\clock\util\camera.py）：

```
ESC_KEY = 27                           # Esc 键的 ASCII 码
ENTER_KEY = 13                         # Enter 键的 ASCII 码
```

3. 为新员工拍照

执行 register()方法开启本地默认摄像头，方法参数是被拍照员工的特征码，当用户按 Enter 键时，该方法把摄像头的当前帧画面保存成图像文件，文件名以该员工特征码开头。每名新员工需要拍 3 张图片，也就是需要按 3 次 Enter 键，该方法才会结束。最后员工拍摄的照片都保存在/data/face/文件夹中，如图 16.8 所示。

图 16.8　/data/face/文件夹中员工照片文件

register()方法的具体代码如下（代码位置：资源包\TM\sl\16\clock\util\camera.py）：

```
# 打开摄像头进行登记
def register(code):
    cameraCapture = cv2.VideoCapture(0, cv2.CAP_DSHOW)     # 获得默认摄像头
    success, frame = cameraCapture.read()                  # 读取一帧
    shooting_time = 0                                      # 拍摄次数
    while success:                                         # 如果读到有效帧数
        cv2.imshow("register", frame)                     # 展示当前画面
```

```
        success, frame = cameraCapture.read()              # 再读一帧
        key = cv2.waitKey(1)                               # 记录当前用户按下的按键
        if key == ESC_KEY:                                 # 如果直接按 Esc 键
            break                                          # 停止循环
        if key == ENTER_KEY:                               # 如果按 Enter 键
            # 将当前帧缩放成统一大小
            photo = cv2.resize(frame, (io.IMG_WIDTH, io.IMG_HEIGHT))
            # 拼接照片名：照片文件夹+特征码+随机数字+图片后缀
            img_name = io.PIC_PATH + str(code) + str(tool.randomNumber(8)) + ".png"
            cv2.imwrite(img_name, photo)                   # 将图像保存
            shooting_time += 1                             # 拍摄次数递增
            if shooting_time == 3:                         # 如果拍完 3 张照片
                break                                      # 停止循环
    cv2.destroyAllWindows()                                # 释放所有窗体
    cameraCapture.release()                                # 释放摄像头
    io.load_employee_pic()                                 # 让人脸识别服务重新载入员工照片
```

4. 开启摄像头打卡

　　执行 clock_in()方法开启本地默认摄像头，程序扫描摄像头每一帧画面里是否有人脸，如果有人脸，就将这一帧画面与所有员工照片样本做比对，判断当前画面里的人脸属于哪位员工。人脸识别服务给出识别成功的特征码，通过特征码获得员工姓名，最后将识别成功的员工姓名返回。如果屏幕中没有出现人脸或者识别不成功，摄像头会一直处于开启状态。

　　clock_in()方法的具体代码如下（代码位置：资源包\TM\sl\16\clock\util\camera.py）：

```
# 打开摄像头打卡
def clock_in():
    cameraCapture = cv2.VideoCapture(0, cv2.CAP_DSHOW)          # 获得默认摄像头
    success, frame = cameraCapture.read()                      # 读取一帧
    while success and cv2.waitKey(1) == -1:                     # 如果读到有效帧数
        cv2.imshow("check in", frame)                          # 展示当前画面
        gary = cv2.cvtColor(frame, cv2.COLOR_BGR2GRAY)         # 将彩色图片转为灰度图片
        if rs.found_face(gary):                                # 如果屏幕中出现正面人脸
            # 将当前帧缩放成统一大小
            gary = cv2.resize(gary, (io.IMG_WIDTH, io.IMG_HEIGHT))
            code = rs.recognise_face(gary)                     # 识别图像
            if code != -1:  # 如果识别成功
                name = hr.get_name_with_code(code)             # 获取此特征码对应的员工
                if name != None:                               # 如果返回的结果不是空的
                    cv2.destroyAllWindows()                    # 释放所有窗体
                    cameraCapture.release()                    # 释放摄像头
                    return name                                # 返回打卡成功者的姓名
        success, frame = cameraCapture.read()                  # 再读一帧
    cv2.destroyAllWindows()                                    # 释放所有窗体
    cameraCapture.release()                                    # 释放摄像头
```

16.6　服务模块设计

本系统的服务模块包含 2 个文件：hr_service.py 和 recognize_service.py。前者提供所有人事管理的相关功能，例如增减员工、查询员工数据；后者提供人脸识别服务。本节将详细介绍这 2 个文件中的代码。

16.6.1　人事服务模块

service 文件夹下的 hr_service.py 就是本程序的人事服务模块，该模块专门处理所有人事管理方面的业务，包含以下功能。

- ☑　添加新员工。
- ☑　删除某员工。
- ☑　为指定员工添加打卡记录。
- ☑　多种获取员工信息的方法。
- ☑　生成考勤日报。
- ☑　生成考勤月报（CSV 文件）。

下面详细介绍 hr_service.py 中的代码。

1. 导入模块

人事服务需要管理员工类列表、记录打卡时间，还要计算、对比负责的日期和时间数值，所以要导入数据实体模块、公共工具模块、时间模块和日历模块。代码如下（代码位置：资源包\TM\sl\16\clock\service\hr_service.py）：

```
from entity import organizations as o
from util import public_tools as tool
from util import io_tools as io
import datetime
import calendar
```

2. 加载所有数据

程序启动的首要任务就是加载数据，人事服务模块将所有加载数据的方法封装成 load_emp_data() 方法，程序启动时运行此方法就可以一次性载入所有保存在文件中的数据。该方法依次进行文件自检，载入管理员账号密码、打卡记录、员工信息和员工照片。

load_emp_data()方法的具体代码如下（代码位置：资源包\TM\sl\16\clock\service\hr_service.py）：

```
# 加载数据
def load_emp_data():
    io.checking_data_files()                                    # 文件自检
```

```
io.load_users()                              # 载入管理员账号
io.load_lock_record()                        # 载入打卡记录
io.load_employee_info()                      # 载入员工信息
io.load_employee_pic()                       # 载入员工照片
```

3. 添加新员工

add_new_employee()方法用于添加新员工，参数为新员工的姓名。该方法通过公共工具模块创建随机特征码，通过数据实体模块创建新员工编号，然后结合姓名参数创建新员工对象，在员工列表中添加新员工对象，并将最新的员工列表写入员工数据文件中，最后将该员工的特征码返回，摄像头服务根据此特征码为员工创建照片文件。

add_new_employee()方法的具体代码如下（代码位置：资源包\TM\sl\16\clock\service\hr_service.py）：

```python
# 添加新员工
def add_new_employee(name):
    code = tool.randomCode()                       # 生成随机特征码
    newEmp = o.Employee(o.get_new_id(), name, code)  # 创建员工对象
    o.add(newEmp)                                  # 组织结构中添加新员工
    io.save_employee_all()                         # 保存最新的员工信息
    return code                                    # 新员工的特征码
```

4. 删除员工

remove_employee()方法用来删除已有的员工资料，参数为被删除员工的编号。该方法首先删除该员工的所有照片文件，然后在员工列表中清除该员工的所有信息，包括打卡记录，最后将当前员工列表和打卡记录覆盖到数据文件中。这样数据文件里不会再有该员工的任何信息了。

remove_employee()方法的具体代码如下（代码位置：资源包\TM\sl\16\clock\service\hr_service.py）：

```python
# 删除某个员工
def remove_employee(id):
    tool.remove_pics(id)                           # 删除该员工所有图片
    o.remove(id)                                   # 从组织结构中删除
    io.save_employee_all()                         # 保存最新的员工信息
    io.save_lock_record()                          # 保存最新的打卡记录
```

5. 添加打卡记录

add_lock_record()方法用来为指定员工添加打卡记录，参数为员工的姓名。如果某个员工打卡成功，该方法首先检查该员工是否有已经存在的打卡记录，如果没有记录就为其创建新记录，如果有记录就在原有记录上追加新时间字符串。该方法最后把当前打卡记录保存到数据文件中。

add_lock_record()方法的具体代码如下（代码位置：资源包\TM\sl\16\clock\service\hr_service.py）：

```python
# 为指定员工添加打卡记录
def add_lock_record(name):
    record = o.LOCK_RECORD                          # 所有打卡记录
    now_time = datetime.datetime.now().strftime("%Y-%m-%d %H:%M:%S")  # 当前时间
    if name in record.keys():                       # 如果该员工有打卡记录
```

```
        r_list = record[name]                            # 去除他的记录
        if len(r_list) == 0:                             # 如果记录为空
            r_list = list()                              # 创建新列表
        r_list.append(now_time)                          # 记录当前时间
    else:                                                # 如果该员工从未打过卡
        r_list = list()                                  # 创建新列表
        r_list.append(now_time)                          # 记录当前时间
    record[name] = r_list                                # 将记录保存在字典中
    io.save_lock_record()                                # 保存所有打卡记录
```

6. 获取员工数据

人事服务提供了多种获取员工数据的方法，可以满足多种业务场景，下面分别介绍。

get_employee_report()方法可以返回一个包含所有员工简要信息的报表，可用于在前端展示员工列表，该方法的具体代码如下（代码位置：资源包\TM\sl\16\clock\service\hr_service.py）：

```python
# 所有员工信息报表
def get_employee_report():
    # report = list()                                    # 员工信息列表
    report = "###########################################\n"
    report += "员工名单如下：\n"
    i = 0  # 换行计数器
    for emp in o.EMPLOYEES:                              # 遍历所有员工
        report += "(" + str(emp.id) + ")" + emp.name + "\t"
        i += 1                                           # 计数器自增
        if i == 4:                                       # 每 4 个员工换一行
            report += "\n"
            i = 0                                        # 计数器归零
    report = report.strip()                              # 清除报表结尾可能出现的换行符
    report += "\n###########################################"
    return report
```

删除员工操作需输入被删除员工的编号，程序对用户输入的值进行校验，如果用户输入的员工编号不在员工列表之中（即无效编号），就认为用户操作有误，程序中断此业务。

check_id()方法用来判断输入的编号是否有效，编号如果有效就返回 True，无效就返回 False，该方法的代码如下（代码位置：资源包\TM\sl\16\clock\service\hr_service.py）：

```python
# 检查 id 是否存在
def check_id(id):
    for emp in o.EMPLOYEES:
        if str(id) == str(emp.id):
            return True
    return False
```

通过员工特征码获取该员工姓名代码如下（代码位置：资源包\TM\sl\16\clock\service\hr_service.py）：

```python
# 通过特征码获取员工姓名
def get_name_with_code(code):
    for emp in o.EMPLOYEES:
```

```
        if str(code) == str(emp.code):
            return emp.name
```

通过员工编号获取该员工特征码的代码如下（代码位置：资源包\TM\sl\16\clock\service\hr_service.py）：

```
# 通过 id 获取员工特征码
def get_code_with_id(id):
    for emp in o.EMPLOYEES:
        if str(id) == str(emp.id):
            return emp.code
```

7. 验证管理员账号和密码

valid_user()方法用来验证管理员的账号和密码，第一个参数为管理员账号，第二个参数为管理员密码。该方法首先判断输入的管理员账号是否存在，如果存在则再比对输入的密码，只有管理员账号存在且密码正确的情况下，该方法才返回 True，其他情况返回 False。

valid_user()方法的具体代码如下（代码位置：资源包\TM\sl\16\clock\service\hr_service.py）：

```
# 验证管理员账号和密码
def valid_user(username, password):
    if username in o.USERS.keys():              # 如果有这个账号
        if o.USERS.get(username) == password:   # 如果账号和密码匹配
            return True                         # 验证成功
    return False                                # 验证失败
```

8. 保存上下班时间

save_work_time()方法用来保存用户设置的上下班时间，第一个参数为上班时间，第二个参数为下班时间，2 个参数均为字符串，且必须符合 "%H:%M:%S" 时间格式，例如 08:00:00。该方法直接修改数据实体中的全局变量，所以用户可以修改实时的上下班时间，即设置时间之后，日报和月报会立即使用新的时间分析考勤数据。

save_work_time()方法的具体代码如下（代码位置：资源包\TM\sl\16\clock\service\hr_service.py）：

```
# 保存上下班时间
def save_work_time(work_time, close_time):
    o.WORK_TIME = work_time
    o.CLOSING_TIME = close_time
    io.save_work_time_config()   # 上下班时间保存到文件中
```

9. 打印考勤日报

打印考勤日报的方法有 2 个：get_day_report()方法打印指定日期的日报，get_today_report()方法打印今天的日报。下面分别介绍。

get_day_report()方法打印哪一天的日报是由参数 date 决定的，参数 date 是一个字符串，且必须符合 "%Y-%m-%d" 时间格式，例如 "2008-08-08"。该方法创建 date 指定的时间对象，分别计算这一天 0 点、12 点和 23 点 59 分 59 秒的时间对象，并且会根据用户设置的上下班时间计算这一天上班时间对象和下班时间对象，这些时间对象将用来分析员工的考勤情况。员工的打卡规则如表 16.2 所示。

表 16.2　打卡规则

打卡时间范围	打卡记录状态	分 析 结 果
0:00:00 < 打卡时间 < 23:59:59	正常	不缺席
not (0:00:00 < 打卡时间 < 23:59:59)	不正常	缺席
打卡时间 <= 上班时间	正常	正常上班打卡
上班时间 < 打卡时间 <= 12:00:00	不正常	迟到
12:00:00 < 打卡时间 < 下班时间	不正常	早退

方法中分别创建了迟到、早退和缺席名单 3 个列表，只要某员工出现不正常打卡记录，就会将该员工姓名放到对应不正常打卡状态的名单里，最后打印报表，给出各名单人数和明细。

get_day_report() 方法的具体代码如下（代码位置：资源包\TM\sl\16\clock\service\hr_service.py）：

```python
# 打印指定日期的打卡日报
def get_day_report(date):
    io.load_work_time_config()                                        # 读取上下班时间
    # 当天 0 点
    earliest_time = datetime.datetime.strptime(date + " 00:00:00", "%Y-%m-%d %H:%M:%S")
    # 当天中午 12 点
    noon_time = datetime.datetime.strptime(date + " 12:00:00", "%Y-%m-%d %H:%M:%S")
    # 今晚 0 点之前
    latest_time = datetime.datetime.strptime(date + " 23:59:59", "%Y-%m-%d %H:%M:%S")
    # 上班时间
    work_time = datetime.datetime.strptime(date + " " + o.WORK_TIME, "%Y-%m-%d %H:%M:%S")
    closing_time = datetime.datetime.strptime(date + " "
                            + o.CLOSING_TIME, "%Y-%m-%d %H:%M:%S")   # 下班时间

    late_list = []                                                    # 迟到名单
    left_early = []                                                   # 早退名单
    absent_list = []                                                  # 缺席名单

    for emp in o.EMPLOYEES:                                           # 遍历所有员工
        if emp.name in o.LOCK_RECORD.keys():                         # 如果该员工有打卡记录
            emp_lock_list = o.LOCK_RECORD.get(emp.name)              # 获取该员工所有的打卡记录
            is_absent = True                                         # 缺席状态
            for lock_time_str in emp_lock_list:                     # 遍历所有打卡记录
                lock_time = datetime.datetime.strptime(lock_time_str,
                        "%Y-%m-%d %H:%M:%S")    # 打卡记录转为日期格式
                if earliest_time < lock_time < latest_time:        # 如果当天有打卡记录
                    is_absent = False                              # 不缺席
                    if work_time < lock_time <= noon_time:         # 上班时间后、中午之前打卡
                        late_list.append(emp.name)                 # 加入迟到名单
                    if noon_time < lock_time < closing_time:       # 中午之后、下班之前打卡
                        left_early.append(emp.name)                # 加入早退名单
            if is_absent:                                          # 如果仍然是缺席状态
```

```
            absent_list.append(emp.name)                    # 加入缺席名单
        else:                                                # 该员工没有打卡记录
            absent_list.append(emp.name)                    # 加入缺席名单

    emp_count = len(o.EMPLOYEES)                             # 员工总人数
    print("--------" + date + "--------")
    print("应到人数：" + str(emp_count))
    print("缺席人数：" + str(len(absent_list)))
    absent_name = ""                                         # 缺席名单
    if len(absent_list) == 0:                                # 如果没有缺席的
        absent_name = "(空)"
    else:                                                    # 有缺席的
        for name in absent_list:                             # 遍历缺席列表
            absent_name += name + " "                        # 拼接名字
    print("缺席名单：" + absent_name)
    print("迟到人数：" + str(len(late_list)))
    late_name = ""                                           # 迟到名单
    if len(late_list) == 0:                                  # 如果没有迟到的
        late_name = "(空)"
    else:                                                    # 有迟到的
        for name in late_list:                               # 遍历迟到列表
            late_name += name + " "                          # 拼接名字
    print("迟到名单：" + str(late_name))
    print("早退人数：" + str(len(left_early)))
    early_name = ""                                          # 早退名单
    if len(left_early) == 0:                                 # 如果没有早退的
        early_name = "(空)"
    else:                                                    # 有早退的
        for name in left_early:                              # 遍历早退列表
            early_name += name + " "                         # 拼接名字
    print("早退名单：" + early_name)
```

因为负责考勤的用户最常查看的就是当天的打卡情况，所以将当天打卡日报单独封装成 get_today_report()方法。该方法自动生成当天的 date 字符串，并将其作为参数调用 get_day_report()方法。get_today_report()方法的具体代码如下（代码位置：资源包\TM\sl\16\clock\service\hr_service.py）：

```
# 打印当天的打卡日报
def get_today_report():
    date = datetime.datetime.now().strftime("%Y-%m-%d")     # 当天的日期
    get_day_report(str(date))                               # 打印当天的日报
```

10. 生成考勤月报

与考勤日报不同，考勤月报是一种汇总形式的报表，可以展示员工整个月的考勤状况。因为月报表内容较多，所以不会在控制台中展示，而是生成独立的报表文件。

生成考勤月报的方法有 2 个：get_month_report ()方法生成指定月份的月报；get_pre_month_report ()方法打印上个月的月报。下面分别介绍。

考勤月报的校验逻辑与考勤日报基本相同，相当于一次性统计了一个月的日报数据。唯一不同的是统计月报的时候不是创建异常打卡名单，而是统计每一位员工每一天的打卡情况。每个员工的打卡情况用一个字符串表示，如有正常打卡，就追加正常打卡的标记，如果迟到就追加迟到标记，以此类推。统计完所有员工一个月打卡情况之后再对每个字符串进行分析。

☑　如果员工在×日有正常上下班打卡标记，则月报×日下不显示任何内容。迟到或早退标记都被忽略，因为可能是员工误打卡。

☑　如果员工在×日没有上班打卡标记，且有迟到标记，则在月报×日下显示【迟到】。

☑　如果员工在×日没有下班打卡标记，且有早退标记，则月报×日下显示【早退】。

☑　如果员工在×日没有上班打卡标记，也没有迟到标记，则在月报×日下显示【上班未打卡】。

☑　如果员工在×日没有下班打卡标记，也没有早退标记，则在月报×日下显示【下班未打卡】。

☑　如果员工在×日没有任何打卡标记，则在月报×日下显示【缺席】。

月报采用 CSV 格式文件展示，CSV 文件自动生成在项目的/data/文件夹下。CSV 是文本文件，用换行符区分表格的行，用英文逗号区分表格的列。get_month_report()方法最后将生成的 CSV 格式月报用记事本打开，其效果如图 16.9 所示，如果用 Office Excel 打开则可以看到正常的表格内容，效果如图 16.10 所示。

图 16.9　用记事本打开 CSV 格式的月报

图 16.10　用 Office Excel 打开 CSV 格式的月报

get_month_report()方法的具体代码如下（代码位置：资源包\TM\sl\16\clock\service\hr_service.py）：

```
# 创建指定月份的打卡记录月报
def get_month_report(month):
```

```
io.load_work_time_config()                              # 读取上下班时间
date = datetime.datetime.strptime(month, "%Y-%m")       # 月份转为时间对象
monthRange = calendar.monthrange(date.year, date.month)[1]  # 该月最后一天的天数
month_first_day = datetime.date(date.year, date.month, 1)   # 该月的第一天
month_last_day = datetime.date(date.year, date.month, monthRange)  # 该月的最后一天

clock_in = "I"                                          # 正常上班打卡标志
clock_out = "O"                                         # 正常下班打卡标志
late = "L"                                              # 迟到标志
left_early = "E"                                        # 早退标志
absent = "A"                                            # 缺席标志

lock_report = dict()                                    # 键为员工名,值为员工打卡情况列表

for emp in o.EMPLOYEES:
    emp_lock_data = []                                  # 员工打卡情况列表
    if emp.name in o.LOCK_RECORD.keys():                # 如果员工有打卡记录
        emp_lock_list = o.LOCK_RECORD.get(emp.name)     # 从打卡记录中获取该员工的记录
        index_day = month_first_day                     # 遍历日期,从该月第一天开始
        while index_day <= month_last_day:
            is_absent = True                            # 缺席状态
            earliest_time = datetime.datetime.strptime(str(index_day)
                        + " 00:00:00", "%Y-%m-%d %H:%M:%S")  # 当天 0 点
            noon_time = datetime.datetime.strptime(str(index_day)
                        + " 12:00:00", "%Y-%m-%d %H:%M:%S")  # 当天中午 12 点
            latest_time = datetime.datetime.strptime(str(index_day)
                        + " 23:59:59", "%Y-%m-%d %H:%M:%S")  # 当天 0 点之前
            work_time = datetime.datetime.strptime(str(index_day) + " "
                        + o.WORK_TIME, "%Y-%m-%d %H:%M:%S")  # 当天上班时间
            closing_time = datetime.datetime.strptime(str(index_day) + " "
                        + o.CLOSING_TIME, "%Y-%m-%d %H:%M:%S")  # 当天下班时间
            emp_today_data = ""                         # 员工打卡标记汇总

            for lock_time_str in emp_lock_list:         # 遍历所有打卡记录
                lock_time = datetime.datetime.strptime(lock_time_str,
                        "%Y-%m-%d %H:%M:%S")             # 打卡记录转为日期格式
                # 如果当前日期有打卡记录
                if earliest_time < lock_time < latest_time:
                    is_absent = False                   # 不缺席
                    if lock_time <= work_time:          # 上班时间前打卡
                        emp_today_data += clock_in       # 追加正常上班打卡标志
                    elif lock_time >= closing_time:     # 下班时间后打卡
                        emp_today_data += clock_out      # 追加正常下班打卡标志
                    # 上班时间后、中午之前打卡
                    elif work_time < lock_time <= noon_time:
                        emp_today_data += late           # 追加迟到标志
                    # 中午之后、下班之前打卡
                    elif noon_time < lock_time < closing_time:
                        emp_today_data += left_early     # 追加早退标志
```

```
            if is_absent:                                              # 如果缺席
                emp_today_data = absent                                # 直接赋予缺席标志
            emp_lock_data.append(emp_today_data)    # 员工打卡标记添加到打卡情况列表中
            index_day = index_day + datetime.timedelta(days=1)   # 遍历天数递增
        else:   # 没有打卡记录的员工
            index_day = month_first_day                            # 从该月第一天开始
            while index_day <= month_last_day:                     # 遍历整月
                emp_lock_data.append(absent)                       # 每天都缺席
                index_day = index_day + datetime.timedelta(days=1) # 日期递增
        lock_report[emp.name] = emp_lock_data                     # 将打卡情况列表保存到该员工之下

    report = "\"姓名/日期\""                                      # cvs 文件的文本内容，第一行第一列
    index_day = month_first_day                                    # 从该月第一天开始
    while index_day <= month_last_day:                            # 遍历整月
        report += ",\"" + str(index_day) + "\""                   # 添加每一天的日期
        index_day = index_day + datetime.timedelta(days=1)        # 日期递增
    report += "\n"

    for emp in lock_report.keys():                                # 遍历报表中的所有员工
        report += "\"" + emp + "\""                               # 第一列为员工名
        data_list = lock_report.get(emp)                          # 取出员工的打卡情况列表
        for data in data_list:                                    # 取出每一天的打卡情况
            text = ""                                             # CSV 中显示的内容
            if absent == data:                                    # 如果是缺席
                text = "【缺席】"
            elif clock_in in data and clock_out in data:          # 如果是全勤，不考虑迟到和早退
                text = ""                                         # 显示空白
            else:                                                 # 如果不是全勤
                if late in data and clock_in not in data:         # 有迟到记录且无上班打卡
                    text += "【迟到】"
                if left_early in data and clock_out not in data:  # 有早退记录且无下班打卡
                    text += "【早退】"
                if clock_out not in data and left_early not in data:  # 无下班打卡和早退记录
                    text += "【下班未打卡】"
                if clock_in not in data and late not in data:     # 有无上班打卡和迟到记录
                    text += "【上班未打卡】"
            report += ",\"" + text + "\""
        report += "\n"
    # csv 文件标题日期
    title_date = month_first_day.strftime("%Y{y}%m{m}").format(y="年", m="月")
    file_name = title_date + "考勤月报"                           # CSV 的文件名
    io.create_CSV(file_name, report)                              # 生成 CSV 文件
```

因为负责考勤的用户最常查看上个月的月报，所以将生成上个月月报单独封装成了 get_pre_month_report()方法。该方法自动生成上个月的 pre_month 字符串，并将其作为参数调用 get_month_report()方法。

get_pre_month_report()具体代码如下（代码位置：资源包\TM\sl\16\clock\service\hr_service.py）：

```
# 创建上个月打卡记录月报
def get_pre_month_report():
    today = datetime.date.today()                                    # 得到当天的日期
    # 获得上个月的第一天的日期
    pre_month_first_day = datetime.date(today.year, today.month - 1, 1)
    pre_month = pre_month_first_day.strftime("%Y-%m")                # 转成年月格式字符串
    get_month_report(pre_month)                                      # 生成上个月的月报
```

16.6.2　人脸识别服务模块

service 文件夹下的 recognize_service.py 就是本程序的人脸识别服务模块，该模块提供人脸识别算法，其包含以下功能。

- ☑　检测图像中是否有正面人脸。
- ☑　判断图像中的人脸属于哪个人。

下面详细介绍 recognize_service.py 中的代码。

1. 导入包

人脸识别服务需要导入 OpenCV 相关模块和 os 模块，代码如下（代码位置：资源包\TM\sl\16\clock\service\recognize_service.py）：

```
import cv2
import numpy as np
import os
```

2. 全局变量

全局变量中创建了人脸识别器引擎和人脸识别级联分类器对象，PASS_CONF 为人脸识别的信用评分，只有低于这个值的人脸识别评分才认为相似度高。全局变量的代码如下：

```
RECOGNIZER = cv2.face.LBPHFaceRecognizer_create()                   # LBPH 识别器
PASS_CONF = 45                                                       # 最高评分，LBPH 最高建议用 45
FACE_CASCADE = cv2.CascadeClassifier(os.getcwd()
    + "\\cascades\\haarcascade_frontalface_default.xml")            # 加载人脸识别级联分类器
```

3. 训练识别器

train()方法专门用来训练人脸识别器，该方法仅封装了识别器对象的训练方法，方法参数为样本图像列表和标签列表，其代码如下（代码位置：资源包\TM\sl\16\clock\service\recognize_service.py）：

```
# 训练识别器
def train(photos, lables):
    RECOGNIZER.train(photos, np.array(lables))    # 识别器开始训练
```

4. 发现人脸

found_face()方法用来判断图像中是否有正面人脸，参数为灰度图像。通过正面人脸级联分类器对

象检测图像中出现的人脸数量，最后返回人脸数量大于 0 的判断结果，有人脸就返回 True，没有就返回 False。

found_face()方法的具体代码如下（代码位置：资源包\TM\sl\16\clock\service\recognize_service.py）：

```python
# 判断图像中是否有正面人脸
def found_face(gary_img):
    faces = FACE_CASCADE.detectMultiScale(gary_img, 1.15, 4)    # 找出图像中所有的人脸
    return len(faces) > 0                                        # 返回人脸数量大于 0 的结果
```

5. 识别人脸

recognise_face()方法用来识别图像中的人脸属于哪位员工，方法参数为被识别的图像。该方法必须在识别器接受完训练之后被调用。识别器给出分析得出的评分，如果评分大于可信范围，则认为图像中不存在任何已有员工，返回-1，否则返回已有员工的特征码。

recognise_face() 方法的具体代码如下（代码位置：资源包\TM\sl\16\clock\service\recognize_service.py）：

```python
# 识别器识别图像中的人脸
def recognise_face(photo):
    label, confidence = RECOGNIZER.predict(photo)    # 识别器开始分析人脸图像
    if confidence > PASS_CONF:                        # 忽略评分大于最高评分的结果
        return -1;
    return label
```

16.7　程序入口设计

main.py 是整个程序的入口文件，负责在控制台中打印菜单界面，用户通过指令可以使用系统中的全部功能，包括打卡、员工管理等，所以会有大量指令判断逻辑。

main.py 需要导入摄像头工具模块、公共工具模块和人事服务模块。代码如下（代码位置：资源包\TM\sl\16\clock\main.py）：

```python
from util import camera
from util import public_tools as tool
from service import hr_service as hr
```

下面详细介绍 main.py 中的代码

16.7.1　用户权限管理

系统中除了打卡和退出 2 项功能可以随意使用，其他菜单都需要管理员权限才能使用。用户选中查看记录、员工管理和考勤报表菜单，系统会验证用户身份，如果不是管理员身份就会弹出管理员登

录提示，用户输入正确的账号和密码才可以继续使用这些功能。

main.py 文件中定义了一个全局变量 ADMIN_LOGIN，该变量表示管理员的登录状态，默认为 False，即管理员未登录。其代码如下（代码位置：资源包\TM\sl\16\clock\main.py）：

```
ADMIN_LOGIN = False   # 管理员登录状态
```

login()为管理员登录方法，该方法弹出输入管理员账号和密码的提示，如果用户输入账号为字符串"0"，则认为用户取消了登录操作。如果用户输入了正确的账号和密码，就将全局变量 ADMIN_LOGIN 的值改为 True，即管理员已处于登录状态，这样系统就会开放所有已设权限的功能，用户可以随意使用。

login()方法的具体代码如下（代码位置：资源包\TM\sl\16\clock\main.py）：

```
# 管理员登录
def login():
    while True:
        username = input("请输入管理员账号(输入 0 取消操作)：")
        if username == "0":                                    # 如果只输入 0
            return                                             # 结束方法
        passowrd = input("请输入管理员密码：")
        if hr.valid_user(username.strip(), passowrd.strip()):  # 校验账号和密码
            global ADMIN_LOGIN                                 # 读取全局变量
            ADMIN_LOGIN = True                                 # 设置为管理员已登录状态
            print(username + "登录成功！请选择重新选择功能菜单")
            break
        else:
            print("账号或密码错误，请重新输入！")
            print("----------------------------------------")
```

16.7.2　主菜单设计

start()方法是程序的启动方法，在初始化方法执行完毕后执行。该方法在控制台中打印程序的主功能菜单，效果如图 16.11 所示。

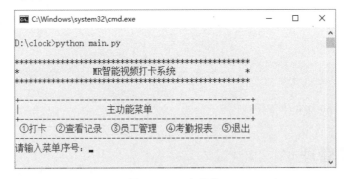

图 16.11　主菜单

此时用户需先输入菜单对应的数字，再按 Enter 键进入具体功能菜单中。如果用户输入的数字不在功能菜单中，则提示指令有误，请用户重新输入。

　　如果当前用户没有管理员权限，在选中查看记录、员工管理和考勤报表菜单时会要求用户先登录管理员的账号，效果如图 16.12 所示。

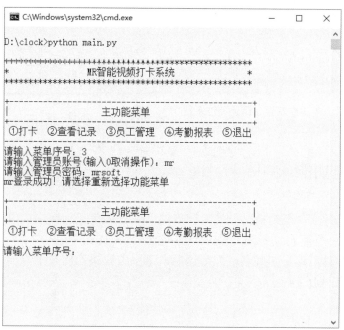

图 16.12　用户需登录管理员账号才能使用员工管理功能

start()方法的具体代码如下（代码位置：资源包\TM\sl\16\clock\main.py）：

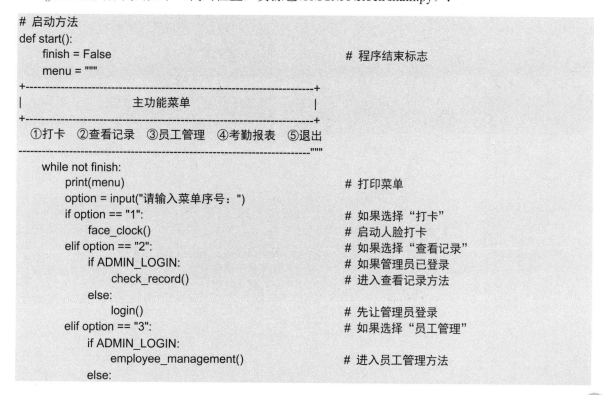

```python
# 启动方法
def start():
    finish = False                                        # 程序结束标志
    menu = """
+----------------------------------------------------+
|                    主功能菜单                        |
+----------------------------------------------------+
  ①打卡   ②查看记录   ③员工管理   ④考勤报表   ⑤退出
----------------------------------------------------"""
    while not finish:
        print(menu)                                       # 打印菜单
        option = input("请输入菜单序号：")
        if option == "1":                                 # 如果选择"打卡"
            face_clock()                                  # 启动人脸打卡
        elif option == "2":                               # 如果选择"查看记录"
            if ADMIN_LOGIN:                               # 如果管理员已登录
                check_record()                            # 进入查看记录方法
            else:
                login()                                   # 先让管理员登录
        elif option == "3":                               # 如果选择"员工管理"
            if ADMIN_LOGIN:
                employee_management()                     # 进入员工管理方法
            else:
```

```
                login()
        elif option == "4":                        # 如果选择"考勤报表"
            if ADMIN_LOGIN:
                check_report()                     # 进入考勤报表方法
            else:
                login()
        elif option == "5":                        # 如果选择"退出"
            finish = True                          # 确认结束，循环停止
        else:
            print("输入的指令有误，请重新输入！")
    print("Bye Bye !")
```

16.7.3　人脸打卡功能

　　face_clock()是人脸打卡功能的执行方法，该方法调用摄像头工具模块提供的打卡方法，此时只要用户面向摄像头，摄像头即可自动扫描人脸并识别特征，效果如图 16.13 所示。如果镜头中的人脸符合某个员工的特征，则会返回该员工姓名，然后调用人事服务模块为此员工添加打卡记录，最后提示该员工打卡成功，过程如图 16.14 所示。

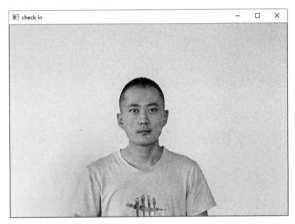

图 16.13　打卡者需正向面对镜头

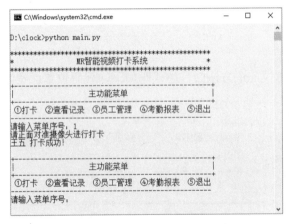

图 16.14　员工王五打卡成功

face_clock()方法的具体代码如下：

```
# 人脸打卡
def face_clock():
    print("请正面对准摄像头进行打卡")
    name = camera.clock_in()                   # 开启摄像头，返回打卡员工名称
    if name is not None:                        # 如果员工名称有效
        hr.add_lock_record(name)               # 保存打卡记录
        print(name + " 打卡成功！")
```

16.7.4　为新员工登记人脸照片样本

employee_management()方法是员工管理功能的执行方法,该方法在控制台打印员工管理功能菜单,如图 16.15 所示。输入菜单对应的数字,再按 Enter 键进入具体功能菜单中。

图 16.15　员工管理功能菜单

录入新员工的过程如图 16.16 所示。如果用户在员工管理功能菜单中输入数字 1 并按 Enter 键,则开始执行新员工录入操作。首先输入新员工名称,输入完毕后程序打开默认摄像头,此时让新员工面对摄像头,程序将摄像头拍摄的照片展示在如图 16.17 所示的 register 窗口中。在 register 窗口上按 3次 Enter 键,自动保存 3 张摄像头拍摄的照片文件,最后提示录入成功。

图 16.16　录入新员工的过程

图 16.17　register 窗口展示的员工照片

16.7.5　删除员工全部数据

如果用户在员工管理功能菜单中输入数字 2 并按 Enter 键,则开始执行删除员工操作。首先程序会将所有员工的名单打印到控制台中,用户输入要删除的员工编号并按 Enter 键,程序给出一个验证码让用户输入,如果用户输入的验证码正确,该员工的员工信息、打卡记录和照片文件都会被删除,如果用户输入的验证码错误,则会取消删除员工操作,员工数据不会丢失。删除员工操作的过程如图 16.18所示。

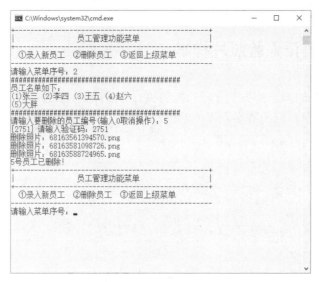

图 16.18　删除员工操作的过程

employee_management()方法的具体代码如下（代码位置：资源包\TM\sl\16\clock\main.py）：

```python
# 员工管理
def employee_management():
    menu = """+----------------------------------------------------------------+
|                    员工管理功能菜单                              |
+----------------------------------------------------------------+

  ①录入新员工   ②删除员工   ③返回上级菜单
----------------------------------------------------------------"""
    while True:
        print(menu)                                      # 打印菜单
        option = input("请输入菜单序号：")
        if option == "1":                                # 如果选择"录入新员工"
            name = str(input("请输入新员工姓名(输入 0 取消操作)：")).strip()
            if name != "0":                              # 只要输入的不是 0
                code = hr.add_new_employee(name)         # 人事服务添加新员工，并获得该员工的特征码
                print("请面对摄像头，按 3 次 Enter 键完成拍照！")
                camera.register(code)                    # 打开摄像头为员工照相
                print("录入成功！")
                # return                                 # 退出员工管理功能菜单
        elif option == "2":                              # 如果选择"删除员工"
            # show_employee_all()                        # 展示员工列表
            print(hr.get_employee_report())              # 打印员工信息报表
            id = int(input("请输入要删除的员工编号(输入 0 取消操作)："))
            if id > 0:                                   # 只要输入的不是 0
                if hr.check_id(id):                      # 若此编号有对应员工
                    verification = tool.randomNumber(4)  # 生成随机 4 位验证码
                    # 让用户输入验证码
                    inputVer = input("[" + str(verification) + "] 请输入验证码：")
                    if str(verification) == str(inputVer).strip(): # 如果验证码正确
                        hr.remove_employee(id)           # 人事服务删除该员工
```

```
                    print(str(id) + "号员工已删除！")
                else:                                    # 无效编号
                    print("验证码有误，操作取消")
            else:
                print("无此员工，操作取消")
        elif option == "3":                              # 如果选择"返回上级菜单"
            return                                       # 退出员工管理功能菜单
        else:
            print("输入的指令有误，请重新输入！")
```

16.7.6　查询员工打卡记录

check_record()方法是查询记录功能的执行方法，该方法在控制台打印查询记录功能菜单，效果如图 16.19 所示。此时用户需先输入菜单对应的数字，再按 Enter 键进入具体功能菜单。

图 16.19　查看记录功能菜单

如果用户在查询记录功能菜单中输入数字 1 并按 Enter 键，程序将所有员工列表打印到控制台中，效果如图 16.20 所示。

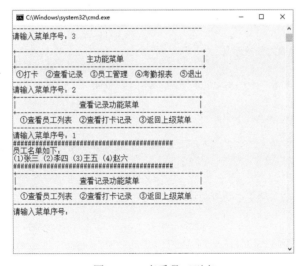

图 16.20　查看员工列表

如果用户在查询记录功能菜单中输入数字 2 并按 Enter 键，程序将所有员工的打卡记录打印到控制台中，效果如图 16.21 所示。

图 16.21　查看打卡记录

check_record()方法的具体的代码如下（代码位置：资源包\TM\sl\16\clock\main.py）：

```python
# 查看记录
def check_record():
    menu = """+------------------------------------------------------+
|                    查看记录功能菜单                    |
+------------------------------------------------------+
  ①查看员工列表    ②查看打卡记录    ③返回上级菜单
-------------------------------------------------------"""
    while True:
        print(menu)                                # 打印菜单
        option = input("请输入菜单序号：")
        if option == "1":                          # 如果选择"查看员工列表"
            print(hr.get_employee_report())        # 打印员工信息报表
        elif option == "2":                        # 如果选择"查看打卡记录"
            report = hr.get_record_all()
            print(report)
        elif option == "3":                        # 如果选择"返回上级菜单"
            return                                 # 退出查看记录功能菜单
        else:
            print("输入的指令有误，请重新输入！")
```

16.7.7　生成考勤报表

check_report()方法是考勤报表功能的执行方法，该方法在控制台打印考勤报表功能菜单，效果如图 16.22 所示。此时用户需先输入菜单对应的数字，再按 Enter 键进入具体功能菜单。

图 16.22　考勤报表功能菜单

如果用户在考勤报表功能菜单中输入数字 1 并按 Enter 键，则会提示用户输入日期。用户按照指定格式输入日期后即可看到该日期的考勤日报。如果用户输入数字 0，可以打印当天的考勤日报。例如，打印 2021 年 3 月 2 日考勤日报的效果如图 16.23 所示。

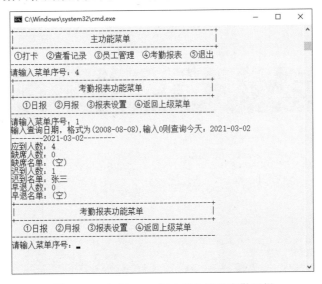

图 16.23　打印 2021 年 3 月 2 日的考勤日报

如果用户在考勤报表功能菜单中输入数字 2 并按 Enter 键，则提示用户输入月份。用户按照指定格式输入月份后，即可生成该月考勤月报，并显示生成的月报文件地址。如果用户输入数字 0，可以生成上个月的考勤月报。例如，生成 2021 年 3 月考勤月报的效果如图 16.24 所示。

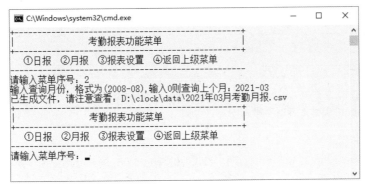

图 16.24　生成 2021 年 3 月考勤月报

图 16.24 中提示 "2021 年 3 月考勤月报.csv" 文件保存在 D:\clock\data\文件夹中，打开这个文件夹即可以看到月报文件，如图 16.25 所示，用 Office Excel 打开月报即可以看到如图 16.26 所示的表格内容。

图 16.25 CSV 文件的位置

图 16.26 使用 Office Excel 打开月报的效果

check_report()方法的具体代码如下（代码位置：资源包\TM\sl\16\clock\main.py）：

```
# 考勤报表
def check_report():
    menu = """+----------------------------------------------------------+
|                    考勤报表功能菜单                        |
+----------------------------------------------------------+
    ①日报   ②月报   ③报表设置   ④返回上级菜单
------------------------------------------------"""
    while True:
        print(menu)                                    # 打印菜单
        option = input("请输入菜单序号：")
        if option == "1";                              # 如果选择 "日报"
            while True:
                date = input("输入查询日期，格式为(2008-08-08),输入 0 则查询今天：")
                if date == "0":                        # 如果只输入 0
                    hr.get_today_report()              # 打印今天的日报
```

```
            break                                    # 打印完之后结束循环
        elif tool.valid_date(date):                  # 如果输入的日期格式有效
            hr.get_day_report(date)                  # 打印指定日期的日报
            break                                    # 打印完之后结束循环
        else:                                        # 如果输入的日期格式无效
            print("日期格式有误，请重新输入！")
elif option == "2":                                  # 如果选择"月报"
    while True:
        date = input("输入查询月份，格式为(2008-08),输入 0 则查询上个月：")
        if date == "0":                              # 如果只输入 0
            hr.get_pre_month_report()                # 生成上个月的月报
            break                                    # 生成完毕之后结束循环
        elif tool.valid_year_month(date):            # 如果输入的月份格式有效
            hr.get_month_report(date)                # 生成指定月份的月报
            break                                    # 生成完毕之后结束循环
        else:
            print("日期格式有误，请重新输入！")
elif option == "3":                                  # 如果选择"报表设置"
    report_config()                                  # 进入"报表设置"菜单
elif option == "4":                                  # 如果选择"返回上级菜单"
    return                                           # 退出查看记录功能菜单
else:
    print("输入的指令有误，请重新输入！")
```

16.7.8　自定义上下班时间

report_config()方法是报表设置功能的执行方法，如果用户在考勤报表功能菜单中输入数字 3 并按
Enter 键，则进入报表设置功能菜单，效果如图 16.27 所示，在这个菜单中可以设置用于分析考勤记录
的上下班时间。

图 16.27　报表设置功能菜单

如果用户在报表设置功能菜单中输入数字 1 并按 Enter 键,则分别提示用户输入上班时间和下班时
间，效果如图 16.28 所示。如果用户输入的时间格式错误，程序要求用户重新输入。当用户设置完后，
上下班时间立即生效，此时再打印考勤报表就会按照最新的上下班时间进行分析。

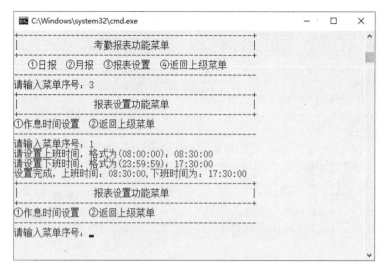

图 16.28　用户设置上班时间和下班时间

report_config()方法的具体代码如下（代码位置：资源包\TM\sl\16\clock\main.py）：

```python
# 报表设置
def report_config():
    menu = """+----------------------------------------------------------+
|                    报表设置功能菜单                        |
+----------------------------------------------------------+
①作息时间设置    ②返回上级菜单
----------------------------------------------------------"""
    while True:
        print(menu)                                    # 打印菜单
        option = input("请输入菜单序号：")
        if option == "1":                              # 如果选择"作息时间设置"
            while True:
                work_time = input("请设置上班时间，格式为(08:00:00)：")
                if tool.valid_time(work_time):         # 如果时间格式正确
                    break                              # 结束循环
                else:                                  # 如果时间格式不对
                    print("上班时间格式错误，请重新输入")
            while True:
                close_time = input("请设置下班时间，格式为(23:59:59)：")
                if tool.valid_time(close_time):        # 如果时间格式正确
                    break
                else:                                  # 如果时间格式不对
                    print("下班时间格式错误，请重新输入")
            hr.save_work_time(work_time, close_time)   # 保存用户设置的上班时间和下班时间
            print("设置完成，上班时间：" + work_time + ",下班时间为：" + close_time)
        elif option == "2":                            # 如果选择"返回上级菜单"
            return                                     # 退出查看记录功能菜单
        else:
            print("输入的指令有误，请重新输入！")
```

16.7.9 启动程序

main.py 定义完所有全局变量和方法之后，代码的最下方就是整个系统的启动脚本：首先执行系统初始化操作，然后启动系统。具体代码如下（代码位置：资源包\TM\sl\16\clock\main.py）：

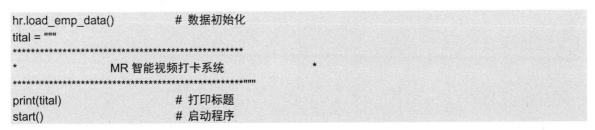

```
hr.load_emp_data()              # 数据初始化
tital = """
*****************************************************
*               MR 智能视频打卡系统                    *
*****************************************************"""
print(tital)                    # 打印标题
start()                         # 启动程序
```

16.8 小   结

本章详细介绍了一个完整小型项目的开发流程。这个项目主要包括 5 大功能：打卡、退出、查看记录、员工管理和考勤报表。其中，查看记录、员工管理和考勤报表 3 个功能需要管理员权限才能使用。这个项目采用命令提示符窗口实现与计算机之间的交互。虽然命令提示符窗口有些简陋，但不影响这个项目的实用价值。如果读者想制作一个绚丽的窗口界面运行这个项目，可以在掌握这个项目的功能结构、业务流程和实现原理后，尝试用 Python PyQt5 的相关知识予以实现。